Volume 32 2025 Numéro 2

# BULLETIN D'HISTOIRE ET D'ÉPISTÉMOLOGIE DES SCIENCES DE LA VIE

Bulletin de la Société d'Histoire et d'Épistémologie
des Sciences de la Vie

Le *Bulletin* publie des informations relatives à l'histoire, à l'épistémologie et à la philosophie des sciences de la vie, ainsi que des articles courts, après expertise et acceptation du comité de lecture. Les textes doivent être adressés par mail au rédacteur en chef celine.cherici@u-picardie.fr. Les recommandations aux auteurs sont disponibles auprès du rédacteur en chef et sur le site de la société : http://www.biusante.parisdescartes.fr/shesvie/

Document de couverture : Traité de physiognomonie. Mehmed ibn Mehmed el-Fenari, Feraset name (Merveilles des créatures et faits miraculeux des choses existantes), 16e siècle, Turquie, Papier, 62 f., 28 x 18,5 cm. BnF, département des Manuscrits, supplément turc 1055, fol. 16.

| | BULLETIN D'HISTOIRE ET | |
|---|---|---|
| Volume 32 | D'ÉPISTÉMOLOGIE | Numéro 2 |
| | DES SCIENCES DE LA VIE | |
| | 2025 | |

# Sommaire

| Volume 32 | BULLETIN D'HISTOIRE ET D'ÉPISTÉMOLOGIE DES SCIENCES DE LA VIE 2025 | Numéro 2 |
|---|---|---|

# Contents

*Bull. Hist. Épistém. Sci. Vie*, 2025, *32*, (2), 129-132

# INTRODUCTION

Caroline Angleraux, Antonine Nicoglou

Comme le souligne Canguilhem dès les premières lignes de son exposé « L'expérimentation en biologie », en référence au discours de Bergson de 1913, l'*Introduction à l'étude de la médecine expérimentale* (1865) de Claude Bernard est communément considérée comme la référence fondatrice de la codification de l'usage de l'expérimentation animale en biologie. Il écrit ainsi :

> Il est d'usage, après Bergson, de tenir l'*Introduction à l'étude de la médecine expérimentale* (1865) comme l'équivalent, dans les sciences de la vie, du *Discours de la méthode* (1637) dans les sciences abstraites de la matière. Et c'est aussi une pratique scolaire assez répandue que d'utiliser l'*Introduction* comme on utilise le *Discours* à seule fin de paraphrase, de résumé, de commentaire verbal, sans se donner la peine de réinsérer l'un ou l'autre dans l'histoire de la biologie ou des mathématiques [...].[1]

En ce sens, la « réinscription » de l'œuvre de Bernard dans l'histoire de la biologie, appelée de ses vœux par Canguilhem, entérine son statut de théoricien en prise avec son époque et de praticien soucieux des enjeux épistémologiques[2]. Elle souligne aussi que la pratique de l'expérimentation animale, telle qu'elle est thématisée et questionnée par Bernard, lui est bien antérieure. Canguilhem cite notamment la thèse de médecine de Markus Paul Deisch (1735) pour montrer que les principes de la vivisection animale – utilisée comme substitut, témoin, analogue ou, comme moyen de vérification de théories ou de techniques – étaient déjà explicitement formulés avant

[1] G. Canguilhem, « L'expérimentation en biologie animale », *La Connaissance de la Vie*, Paris, Vrin, 1965, p. 17.
[2] Cf. le numéro collectif « Re-appraising Claude Bernard's Legacy », dirigé par L. Loison, *History and Philosophy of the Life Sciences*, 2023-2024.

Bernard. Ainsi, au-delà d'un discours parfois léché et répétitif sur son histoire et son épistémologie, l'expérimentation animale relève d'une dynamique de recherche multiple et complexe. Les contributions de ce numéro se proposent dès lors d'explorer certaines de ces autres perspectives sur l'utilisation des animaux dans les sciences expérimentales.

L'article de Meyssa Ben Saad, intitulé « La notion de *tağriba* [expérience] dans quelques textes naturalistes, philosophiques et médicaux arabes médiévaux », effectue un retour à la fois historiographique et conceptuel sur la place de l'expérience dans la pensée savante arabe. S'appuyant principalement sur les écrits d'al-Ǧāḥiẓ, mais aussi sur ceux d'Ibn Sīnā, d'al-Farābī ou encore d'al-Rāzī - autant d'auteurs centraux dans l'histoire des sciences du vivant à l'époque médiévale, et pourtant encore trop méconnus en Occident – , l'autrice met en lumière la polysémie conceptuelle du terme *tağriba*. Celui-ci renvoie tout à la fois à l'expérience sensible, à la vérification méthodique, et parfois même à une forme d'expérimentation. Ces pratiques englobent diverses manipulations animales, allant de la simple observation à la dissection, permettant à certains savants de mettre à l'épreuve des savoirs hérités des Anciens, tels qu'Aristote ou Gallien. Ainsi, l'usage des animaux apparaît comme un élément constitutif de la production du savoir scientifique bien en amont et en dehors de l'Europe moderne.

Si l'article de Meyssa Ben Saad dessine des pratiques méthodologiques impliquant des animaux qui précèdent la structure laborantine[3] et le cadre expérimental moderne, celui de Clara Charlet examine, à l'époque contemporaine, un usage des animaux dans un contexte autre que celui du laboratoire traditionnel. Sa contribution, intitulée « Expérimentation animale et pathologies environnementales : quand le laboratoire du soin devient le milieu écosystémique », montre comment les crises sanitaires actuelles, souvent causées par des zoonoses, contraignent à déplacer le regard : de l'animal isolé en laboratoire à l'animal situé dans un environnement diversifié et de plus en plus anthropisé. L'auteure soutient que la multiplication des

---

[3] A. C. Crombie, *Styles of Scientific Thinking in the European Tradition*, Londres, Duckworth, 1994; I. Hacking, « 'Style' for historians and philosophers », *Studies in History and Philosophy of Science Part A*, 1992, 23, 1-20.

zoonoses nécessite de considérer les écosystèmes comme des laboratoires à ciel ouvert, où les relations interspécifiques deviennent des indicateurs de santé. Ainsi, les dispositifs de surveillance, le recours aux animaux sentinelles ou encore les approches écotoxicologiques élargissent le champ de l'expérimentation animale, désormais appréhendée à travers le prisme des pathologies environnementales.

La perspective environnementale décrite par Clara Charlet souligne les interconnexions entre la santé humaine, celle des animaux et celle des milieux qu'ils partagent. Elle repose sur une forme d'expérimentation animale peu interventionniste, répondant à des enjeux sanitaires clairement identifiés. Cette approche mobilise donc un registre discursif très différent de celui des recherches s'appuyant sur des protocoles expérimentaux plus « classiques » en laboratoire. La contribution de Nicolas Brard, intitulée « 'Chercher sans soigner' : les dilemmes de la parole publique des scientifiques sur la recherche fondamentale chez le primate non humain », analyse, à travers une série d'entretiens, les difficultés de communication auxquelles sont confrontés les chercheuses et chercheurs en neurosciences cognitives travaillant avec des primates non humains. En l'absence d'applications thérapeutiques immédiates, la légitimité de leurs travaux est fragilisée aux yeux du grand public et des organismes financeurs. Cette situation les contraint à adopter un discours public défensif, tiraillé entre la tentation de promettre des retombées cliniques à long terme et la volonté de défendre la recherche fondamentale pour elle-même. L'article souligne également l'ambivalence de ce type de recherche : tout en documentant la richesse cognitive des primates, il alimente paradoxalement les critiques concernant leur utilisation. Ainsi Nicolas Brard invite à repenser la communication scientifique comme un espace de négociation sociale, où la légitimité même de ces modèles animaux en recherche fondamentale est constamment questionnée.

Enfin, l'article de Laurent Goffart et François-Jean Bonnet, intitulé « Contribution des études chez l'animal à la neurophysiologie de l'orientation visuelle du regard », vient illustrer concrètement les enjeux soulevés par Nicolas Brard. Les auteurs y montrent que le passage de l'étude du chat anesthésié à celle du singe vigile entraîné a joué un rôle décisif dans la caractérisation des réseaux cérébraux responsables des mouvements oculaires. Plus précisément, l'utilisation de primates non humains a permis d'identifier les mécanismes neuromusculaires qui sous-tendent les saccades oculaires ou la fixation visuelle, ainsi que leur implication dans certains troubles de la motricité oculaire. Si certaines approches contemporaines, fondées sur l'enregistrement global de trajectoires du regard, tendent à considérer les mouvements oculaires comme des « biomarqueurs » de fonctions cognitives complexes (telles que la mémoire ou l'attention), les auteurs soulignent que ces démarches risquent de naturaliser de manière abusive des concepts comme le temps, l'espace ou le nombre, en les projetant directement sur le cerveau. En contrepoint, ils insistent sur la nécessité de travailler à un socle neurophysiologique solide, issu de l'expérimentation animale. Ce faisant, leur démonstration révèle que la légitimité de l'usage des modèles animaux repose également sur un questionnement des cadres épistémologiques qui orientent leur emploi.

*Bull. Hist. Épistém. Sci. Vie*, 2025, *32*, (2), 133-154

# La notion de *tağriba* [expérience] dans quelques textes naturalistes, philosophiques et médicaux arabes médiévaux

Meyssa Ben Saad*

RÉSUMÉ. Après avoir été longtemps sous-estimée, l'histoire des sciences de la vie de la période médiévale connaît un regain d'intérêt, favorisé par la promotion des lectures transversales et contextualisées des textes anciens. Concernant les sciences de la vie arabes, l'œuvre du savant al-Ǧāḥiẓ (776-868), s'illustre par une démarche mobilisant le recours à l'*observation*, à la *raison*, et à l'*expérience*. En conséquence, des termes comme *tağriba* (expérience) et ses diverses acceptions ont été examinées dans une perspective historico-épistémologique. Nous proposons dans cet article une première lecture autour de la notion de *tağriba* à travers quelques exemples de textes, qui invite à explorer plus en profondeur ce concept dans les textes anciens, ses évolutions épistémo-linguistiques et sa transmission aux périodes ultérieures.

***

ABSTRACT. The history of biological sciences has been underestimated for un long time, and recently a new historical initiative has emerged following the promotion of cross-disciplinary readings of ancient texts with a contextualised approach. With regard to medieval Arabic biology, the work of the scholar al-Ǧāḥiẓ (776-868) is notable for its method, which deals with on observation, reason and experience.

Consequently, terms such as *tağriba* (experience/experiment) and its various meanings have been studied from a historical-epistemological perspective. In this article, we propose to provide an initial overview around the notion of *tağriba* through a few examples of texts, which invites a more in-depth exploration of this concept in ancient texts, its epistemo-linguistic evolutions and its transmission to later periods.

***

* Université de la Manouba – Membre Labo Monde Arabo-Islamique médiéval (Univ. Tunis) et membre associée Labo SPHère UMR 7219 Université Paris Cité. meyssa.bensaad@ises.uma.tn

> [...] Si nous voulons saisir la pensée scientifique d'une époque, nous devons, autant qu'il est possible, essayer de la saisir dans sa cohérence propre. Pas besoin de rappeler que nous ne devons pas, autant qu'il est possible, nous référer à des connaissances ultérieures, mais voir comment la pensée scientifique d'une époque met en jeu des éléments de valeur d'importance et d'origines très différentes, et selon une combinaison particulière.[1]

La notion de science naturelle, avec ce que recouvre comme champ de signification le terme « science », avec ses méthodes, ses applications, reste toujours débattue pour les périodes antérieures au XVIIIe siècle ; en suivant les propos de Jacques Roger, un nouvel élan historiographique a permis de procéder à de nouvelles lectures des textes naturalistes anciens, plus contextuelles et plus transversales, insistant sur la nécessité d'éviter le double écueil qui consiste à user de comparaisons hasardeuses avec les notions scientifiques actuelles, cherchant le précurseur ou à l'inverse à minimiser les efforts anciens par présentisme et manque de contextualisation.

Pour les sciences de la vie, il y a eu un creux historiographique faisant un saut de la biologie aristotélicienne à la découverte de la petite circulation par William Harvey, la période médiévale et *a fortiori* arabe[2] était synonyme de vacuité scientifique et intellectuelle, sauf quelques traductions et commentaires des savoirs grecs - même si les savoirs mathématiques, astronomiques et médicaux ont fait l'objet d'un examen plus approfondi depuis quelques années. L'historien de la biologie Ernst Mayr avait appuyé ces idées préconçues :

> Il ne s'est rien passé de notable en biologie après Lucrèce et Galien jusqu'à la Renaissance. Les Arabes, pour autant que je sache, n'ont apporté aucune contribution importante à la biologie. Cela vaut même pour deux érudits arabes, Avicenne et Averroès, qui ont manifesté un intérêt particulier pour les questions biologiques. C'est toutefois grâce aux traductions arabes qu'Aristote a été redécouvert par le monde occidental[3].

---

[1] J. Roger, « Objectivité et historicité de la pensée scientifique », *Raison Présente*, 1968, n°8 : 23-54.

[2] Le qualificatif « arabe » se réfère ici à la langue d'expression des savoirs, essentiellement pendant la période médiévale.

[3] E. Mayr, *Growth of Biological thought*, 1982 [trad. Fr. 1989].

Or, dans les classifications des sciences établies par les savants arabes médiévaux comme al-Farabī (872-950)[4], la zoologie, en tant que « science de l'animal » (*'ilm al-hayawān*), au même titre que la botanique ou la minéralogie, avait un statut autonome et était individualisée en discipline[5]. Par conséquent, quels sont les cadres méthodologiques qui accompagnent la construction de ces savoirs « scientifiques » ? Quelle place pour l'observation, le raisonnement et l'expérience dans ce contexte ? Comment définir l'expérience pour les temps anciens et dans quelle mesure les termes qui y réfèrent peuvent renvoyer à l'idée de la notion d'expérience ou d'expérimentation telle qu'admise dans la science moderne ? Comment tout cela a été défini et délimité par les savants antiques et médiévaux et par les savants arabes ? Y a-t-il une spécificité des textes scientifiques et/ou philosophiques arabes (par rapport à la sphère intellectuelle latine) ? Quelles sont également les différentes acceptions du terme qui font qu'une lecture rétrospective puisse reconnaître et distinguer précisément les éléments auxquels renvoient la notion d'« expérience » ?

Pour la période médiévale latine, l'historiographie s'est souvent heurtée à des interprétations rétrospectives parfois anachroniques, mais à ce sujet, il faudrait revenir sur le choix des termes et leur utilisation par les savants, et ce qui ressort des études récentes c'est que l'expérience peut revêtir plusieurs sens et impliquer des éléments méthodologiques différents de ceux de la méthodologie moderne, mais qui n'excluent pas pour autant une démarche qui se veut rationnelle et qui cherche à atteindre une forme de *vérité* par la démonstration et la vérification, essentielle à la construction des savoirs.

Selon les sources et les textes anciens, on retrouve différentes façons d'appréhender la notion d'expérience :

- *Expérience* comme expérience sensible « par les sens »,
- *Expérience* comme mise à l'épreuve, vérification,
- *Expérience* comme preuve (occident médiéval),

---

[4] La translittération arabe/français choisie suit la référence standard DIN 31635.

[5] Al-Farabi, *Ihsā' al-'ulūm*, A. Galonnier (ed.). Le *De scientiis Alfarabii* de Gérard de Crémone : contribution aux problèmes de l'acculturation au XIIe siècle (édition et traduction du texte), Turnhout, Brepols, 2017.

- Ou « action visant à la connaissance des choses »[6] (occident médiéval).

Le terme *expérimentation* est à comprendre ici en un sens différent de l'expérimentation moderne, mais n'en désigne pas moins une expérience méthodique irréductible à la simple observation[7]. Si l'on comprend le terme d'expérimentation au sens d'une intervention sur la nature, destinée à être répétée, à laquelle on procède avec la maîtrise d'un certain nombre de conditions, dont on contrôle certaines variables, lors de laquelle on isole les facteurs individuels, et qui vise à confirmer ou vérifier une hypothèse inaccessible au raisonnement, alors il y eut dans l'Antiquité de nombreuses expérimentations menées sur des animaux vivants ou morts, mais aussi sur des cadavres humains[8]. Le concept qui nous intéresse particulièrement ici est celui *tağriba* pour les textes scientifiques, médicaux et philosophiques arabes. Nous allons présenter quelques éléments autour de la notion de *tağriba*, quelles significations et quelle portée conceptuelle il a eu, et comment l'expérience a été définie, appréhendée, puis conceptualisée par différents auteurs : d'abord chez le naturaliste et théologien al-Ǧāḥiẓ, puis chez certains médecins, et enfin, voir comment il a acquis progressivement un statut conceptuel plus précis.

## 1. *TAĞRIBA* CHEZ AL-ǦĀḤIẒ

Pour discuter de la présence d'une zoologie ou d'une étude rationnelle du monde vivant dans les sciences naturelles arabes médiévales, il a fallu examiner les approches et les diverses méthodes d'accès au savoir des naturalistes ou des médecins de cette période, afin de poser la question de la mise en évidence d'un savoir à proprement parler 'rationnel', voire « scientifique », selon les limites (restreintes ou élargies) qu'on donne à la définition d'une *science*.

Abu Uṯmān Baḥr al-Kinānī al-Fukaymī al-Basrī (776-868), plus connu sous son pseudonyme al-Ǧāḥiẓ (qui signifie en arabe « aux yeux

[6] I. Draelants, « Expérience et autorités dans la philosophie naturelle d'Albert le Grand », I. Draelants & t. Bénatouil (éds.) *Expertus sum : l'expérience par les sens dans la philosophie naturelle médiévale*, *Micrologus* 2011, 40, 89-121, p. 89-90, p. 97.

[7] P. Koetschet, « Disséquer l'âme », *Annales islamologiques*, 2014, 48.1, p. 279-300.

[8] P. Koetschet qui cite H. Von Staden, « Experiment and Experience in Hellenistic Medicine », 1975, BICS 22, 1, 178-199, p. 180 (il a travaillé sur Hérophile et Erasistrate).

exorbités »), *adīb*[9], théologien mu'tazilite[10] et naturaliste de l'ère abbasside, est aujourd'hui considéré comme une figure majeure d'une zoologie rationnelle. Son ouvrage le *Kitāb al-Ḥayawān*[11] est une somme de savoirs, longtemps assimilée à une compilation ou à une encyclopédie, mais qui, malgré les nombreuses digressions littéraires et théologiques qu'elle contient, constitue un effort monographique sur le vivant et les animaux. Cet ouvrage est considéré comme une référence essentielle de l'histoire de la zoologie arabe, ouvrant la voie à de nombreuses recherches[12] autour de la relecture des textes à dimension zoologique, revisités avec une double lecture (à la fois philologique et biologique). C'est cette double lecture, encouragée depuis les travaux pionniers de Ahmed Aarab et Philippe Provençal[13] qui a permis de révéler la présence d'une méthodologie scientifique chez al-Ǧāḥiẓ en y

[9] *Adib*, qui pratique le *adab*. Le *adab* a connu une acception très large à la période médiévale : il désigne à la fois l'ensemble des savoirs profanes qu'un honnête homme acquiert et cultive, et également une attitude intellectuelle et éthique, une éloquence, un raffinement intellectuel, des qualités morales. Il a souvent été assimilé à une forme d'encyclopédisme au sens *paideia* (M. Abbes, « L'adab et la formation de l'homme. », *La civilisation arabo-musulmane au miroir de l'universel. Perspectives philosophiques*, 2010, éd. UNESCO, 29-40, p. 31). Dans sa forme plurielle *adāb*, il désigne aujourd'hui les « belles-lettres ».

[10] Courant théologique du *kalām* (théologie spéculative), qui s'inspire de la philosophie grecque, qui accorde une place très importante à l'usage de la raison. Al-Ǧāḥiẓ est l'un de ses plus grands représentants, et la doctrine mu'tazilite a dominé le paysage politique abbasside, devenue doctrine officielle de 827 jusqu'en 847.

[11] L'édition de référence est *Kitāb al-Ḥayawān*, Ed. Abdesslam M. Harun, 7 vol., Beyrouth, Dar al-Gīl, dar al-Fikr. C'est à celle-ci que nous nous référons tout au long de cet article, en citant les extraits sous la forme suivante : *Hay*, Vol : page (par ex. : *Hay*, I : 33).

[12] Sur la zoologie d'al-Ǧāḥiẓ et plus particulièrement la classification des animaux, voir M. Ben Saâd, *Ordonner la diversité du vivant dans le* Kitāb al-Ḥayawān *d'al-Ǧāḥiẓ*. Zoologie et connaissance du vivant dans les sciences arabes médiévales, Bruxelles, Safran, 2022.

[13] Avant cela, des éléments de la méthodologie avaient fait l'objet de quelques travaux (S. Djabry, « L'observation et l'expérimentation de Djâhiz », Conférence, 13, RAAD, Juillet, XIe année.1931 ; S. Mansūr, *The world view of al-Jâhiz,* PhD Thesis, McGill University, Montréal, 1968 ; N. Belhadj-Mahmoud, *La psychologie des animaux chez les Arabes, notamment à travers le* Kitāb al-Ḥayawān *de Djâhiz*, Paris, Klincksieck, 1977 ; et plus récemment H. Einsenstein,, « Some accounts of zoological experiments in Classical Arabic Literature, Proceedings of 14th Congress UEA, Budapest, 1995, p. 113-120) qui constituent une familiarisation à l'univers méthodologique du savant, et qui ont ouvert de nombreuses perspectives de recherche autour d'une relecture de l'approche zoologique des textes médiévaux.

exposant les fondements, via l'observation, le raisonnement et le recours à l'examen critique des sources à travers l'expérience[14]. Un volume de la revue *Anthropozoologica* a été consacré aux processus d'*observation* et d'*expérience* dans les savoirs antiques et médiévaux[15]. Ici, nous allons revenir plus particulièrement sur le concept de *tağriba*, ce qu'il implique et ce à quoi il renvoie : expérience sensible ou expérimentation au sens de manipulation ? Qu'a-t-il représenté dans le plan de la démarche d'observation et de théorisation éventuelle chez les savants arabes médiévaux ?

> Si ce livre […] est arabe [*'arabiyyan*] et bédouin [*a'rābiyyan*], il a emprunté à la philosophie [grecque] [*falsafa*] et a réuni les connaissances issues de la tradition orale [*samā'*][16] et la science de l'expérience [*'ilm l-tağriba*], il a associé[*ašraka*] la science du Livre [Coran] et la Sunna, avec la conscience sensible [al-*ḥāssa'*] et la sensation [*iḥsās*] intuitive [*ġarīza'*] (al-Ǧāḥiẓ, *Hay*, I : 11).[17]

Cet extrait de l'introduction du *Hayawān* d'al-Ǧāḥiẓ annonce l'ambition de l'auteur dans son ouvrage. De nombreux travaux sur la biologie d'al-Ǧāḥiẓ avaient identifié un processus méthodologique s'articulant autour de trois axes : *enquête – observation – expérimentation*[18]. Ce qui s'en dégage, c'est que les données sensibles issues de l'observation sont sources de connaissance, même si elles peuvent nous induire en erreur et que c'est l'usage de la raison qui vient infirmer/confirmer des faits[19]. Aussi, certaines informations et données doivent être démontrées et vérifiées : auprès des experts ou par l'usage

---

[14] A. Aarab, Ph. Provençal & M. Idaomar, « La méthodologie scientifique en matière zoologique de Jâhiz dans la rédaction de son œuvre *Kitāb al- Ḥayawān* (Le Livre des Animaux) », *Anaquel de Estudios Arabes*, 2003, No. 14, 5-19.

[15] Voir M. Ben Saâd, « Observations zoologiques et expériences dans le *Kitāb al-Ḥayawān* d'al-Ǧāḥiẓ », A. Broseta, A. Scaccuto & A. Zucker (eds), *Observation zoologique, expérience et expérimentation sur l'animal. Antiquité – Moyen Âge. Anthropozoologica*, 2024, 59 (1), 1-13.
https://doi.org/10.5252/anthropozoologica2024v59a1
http://anthropozoologica.com/59/1

[16] Littéralement connaissances issues de (ou acquises par) l'ouïe, transmises par voie orale, par les échanges et l'enseignement.

[17] Remerciements à Faisal Kenanah et Ghassen Amami pour leur regard sur cette traduction.

[18] N. Belhadj-Mahmoud, *op.cit.*, p. 34-36.

[19] M. Adad, « Le *Kitāb al-Tarbī' wa-l-Tadwīr* d'al-Ǧāḥiẓ : traduction française de l'arabique. I. *Arabica*, 1966, 13 (3), p. 268-294.

de la raison, mais également par la réévaluation en reproduisant le phénomène, c'est-à-dire l'*expérience*.

La notion de *taǧriba* (pl. *taǧārib*) (littéralement *expérience*) a intéressé de nombreux penseurs arabes : littéraires, philosophes, penseurs de l'homme et de la société, qui l'ont envisagé à travers le prisme social, dans une analyse des comportements et des habitudes de l'homme dans la société et dans ses relations avec les autres. *taǧriba*, au sens actuel, dénote à la fois l'expérience au sens du vécu (humain, social), et la manipulation expérimentale dans sa dimension savante et scientifique. Son usage a pu être pluriel et a pu évoquer dans la littérature (scientifique ou non) à la fois les questions sociales et biologiques[20].

Rappelons que le temps d'al-Ǧāḥiẓ correspond à la période de réception, de traduction et d'assimilation du patrimoine grec dont les idées sont discutées, intégrées au patrimoine local, où de nombreuses notions et concepts se cherchaient des équivalents arabes, et où beaucoup de conceptions liées à des phénomènes naturels ou des propriétés du vivant ne sont pas encore complètement théorisées et formalisées. On retrouve alors une juxtaposition entre des termes dont l'usage peut être commun ou savant, et dont les limites définitoires ne sont pas encore bien claires d'un point de vue philosophico-scientifique. Les termes relatifs à certains concepts, dont celui de *logique*, d'*expérience* et/ou *expérimentation* par exemple, connaissent une polysémie et un usage savant différent selon les approches et objectifs des savants (lexicologiques, sociaux, biologiques, etc.) puis acquièrent vers les X-XI[e] siècles un sens plus « conceptualisé » et plus théorisé. Leur formalisation au siècle d'al-Ǧāḥiẓ est encore en discussion et en construction.

*Expériences menées sur les animaux : observation, expérience par les sens et volonté de vérification.*

La volonté de vérifier une information issue des textes anciens, d'autorités comme ceux d'Aristote, peut passer par l'expérience : concernant le *K. Hayawān* ont déjà été mentionnés l'exemple de la réaction du serpent face à la rue et celui de la fourmi sensible au soufre,

---

[20] S. Natij, « Place et fonction de l'expérience dans la culture de l'adab : *Taǧārib, ʿaql et tadbīr* », *Studia Islamica*, 2015, 110 (2), 165-195.

décrits par Aristote[21], analysés par A. Aarab[22]. Al-Ǧāḥiẓ porte ici un regard critique sur Aristote, à la lumière de l'expérience, examen qui a démenti une information. L'auteur utilise le terme *ğarabna*, (verbe *ğ-r-b*, substantif *tağriba*) « nous l'avons expérimenté » (*Ḥay*, IV : 36) et le résultat de son expérience lui permet de démentir ces propos (*Ḥay*, IV : 36). De même, il ajoute : « je ne vois pas de preuve de ce qu'ils ont avancé » (*Ḥay*, V : 365 et VI : 399). L'auteur cherche à répéter un phénomène pour en vérifier la validité et procède ainsi de manière régulière (*Ḥay*, III : 349)[23].

L'auteur affirme avoir expérimenté seul : *ğarabt* « j'ai expérimenté », et avoir ensuite constaté un phénomène qu'il voulait « tester » à la suite de ce qui a été dit. Et la mention de *ta'ammul* (observation rigoureuse et réflexive) insiste non seulement sur la nécessité d'observer, mais également sur la répétition de l'observation, c'est-à-dire en procédant à une expérience (*tağriba*), l'objectif étant de confirmer une connaissance ou un savoir transmis. L'auteur a donc eu recours à de nombreuses reprises à la mise en situation d'un phénomène qu'il souhaitait observer ou ré-observer, comme lorsqu'il place des rats et des scorpions dans un bocal transparent pour observer et mettre en évidence leur confrontation interspécifique - décrite dans les travaux de A. Aarab[24], reproduisant une situation de manière artificielle, dans le but de s'assurer de ce qui a été préalablement observé pour en déduire une sorte de « loi » générale (*Ḥay* V : 247-248)[25].

Dans ce cas, si on considère l'expérimentation comme une « opération méthodique de manipulation de la nature visant à vérifier une donnée ou une information transmise par les anciens »[26], alors nous sommes bien en présence de ce processus.

---

[21] Aristote, *HA*, IX, 6, 612a28 et *HA*, IV, 8, 534 b20.
[22] A. Aarab & Ph. Provençal, 2003, *op. cit.* et A. Aarab & Ph. Lherminier, *Le Livre des Animaux d'al-Jâhiz*, Paris, L'Harmattan, 2015, p. 41.
[23] Voir Belhadj-Mahmoud, 1977, *op. cit.*, p. 41 et M. Ben Saad, 2024, *op cit.*, p. 5-8.
[24] Aarab & Provençal, 2003, *op. cit.* et Aarab & Lherminier, 2015, *op. cit.*, p. 36, voir également Ben Saâd, 2024, *op. cit.*
[25] Voir M. Ben Saad, 2024, *op. cit.*
[26] I. Draelants, » Expertus sum : l'expérience par les sens dans la philosophie naturelle médiévale », Introduction, *Micrologus*, 2011, 40, 3-15, p. 6.

Rappelons que le temps d'al-Ǧāḥiẓ correspond à la période de réception, de traduction et d'assimilation du patrimoine grec dont les idées sont discutées, intégrées au patrimoine local, où de nombreuses notions et concepts se cherchaient des équivalents arabes, et où beaucoup de conceptions liées à des phénomènes naturels ou des propriétés du vivant ne sont pas encore complètement théorisées et formalisées. On retrouve alors une juxtaposition entre des termes dont l'usage peut être commun ou savant, et dont les limites définitoires ne sont pas encore bien claires d'un point de vue philosophico-scientifique. Les termes relatifs à certains concepts, dont celui de *logique*, d'*expérience* et/ou *expérimentation* par exemple, connaissent une polysémie entre usage commun et usage savant, et selon les approches et objectifs des savants (lexicologiques, sociaux, biologiques, etc.) puis acquièrent vers les X-XI^e^ siècles un sens plus « conceptualisé » et plus théorisé. Leur formalisation au siècle d'al-Ǧāḥiẓ est encore en discussion et en construction.

## 2. *TAĞRIBA* EN ZOOLOGIE ET MÉDECINE : MANIPULATIONS ET DISSECTION

De même que pour l'expérience et l'expérimentation, il faudrait s'interroger sur la portée épistémologique du terme « dissection » et ce à quoi il renvoie dans les différents supports textuels et dans les pensées naturalistes antiques et médiévales, ainsi que sur les objectifs nourris par les experts/spécialistes qui ont pratiqué la dissection.

Comme le soulignait Anne-Marie Moulin, la dissection a constitué un moment décisif dans l'histoire du savoir médical en Occident, perçue comme un interdit culturel ou religieux qui a obscurci des années de savoir nécessairement lacunaire et incomplet. « Ouvrez quelques cadavres, et vous verrez dissiper l'obscurité que la seule observation n'avait pu dissiper »[27], prônait le médecin Xavier Bichat (1771-1802). Cette exhortation a permis de révéler l'intérieur des organismes, de donner naissance à de nouvelles disciplines : l'anatomie, la physiologie, et sonnait comme une libération, permettant de comprendre les pathologies, de tester des remèdes pour pouvoir apporter des réponses concrètes aux maladies, etc. Mais contrairement aux idées préconçues, l'Orient n'avait pas ignoré la dissection qui était une activité pratiquée

[27] X. Bichat, *Anatomie générale,* Paris, Brosson, 1801 ; volume 1, p. xcix-c.

à la fois par les éleveurs, naturalistes et vétérinaires sur les animaux et par les médecins à la fois sur des animaux et des cadavres humains, dont les recherches et observations ont permis de faire avancer la pratique chirurgicale[28] notamment chez de nombreux médecins comme Abul-Qāsim al-Zahrāwī (Abulcassis des Latins) (940-1013), dont le chapitre sur la chirurgie de son ouvrage *Kitāb al-Tasrīf* a été traduit en latin par Gérard de Crémone (1114-1187) et a influencé le médecin Guy de Chauliac (1300-1368), ou encore Ibn al-Nafis (1213-1288), qui a exercé à Damas et au Caire et qui a découvert la circulation pulmonaire en 1242[29].

Dans son article « Disséquer l'âme » [30], Pauline Koetschet rappelle que les expériences menées sur les corps morts et vivants dans les textes arabes médicaux doivent être comprises dans le contexte d'un vaste débat épistémologique portant sur le rôle de l'*expérience*, voire de l'*expérimentation*, dans la méthodologie médicale. Ici aussi, comme pour le terme *taǧriba*, il y a différentes appréciations du terme *tašrīḥ (litt. dissection)*, également polysémique, qui a connu des évolutions diverses et des significations plus ou moins restreintes. Il désigne à la fois l'acte de la dissection, mais aussi la discipline de l'anatomie, science des parties du corps, de leur taille et de leurs relations entre elles.

Dans un article fondateur, Emily Savage-Smith a voulu explorer le rôle joué par la dissection anatomique sur le corps humain dans les milieux médicaux arabes médiévaux[31]. Elle a souhaité remettre en cause les nombreuses idées préconçues sur une potentielle interdiction religieuse, qui n'est pas nécessairement admise par tous les théologiens, dont les attitudes juridiques étaient variables, et qui, même en étant interdite était pratiquée, comme pour un grand nombre d'autres interdictions sociales qui existaient bel et bien dans la pratique. Du reste, cette interdiction ne concernerait que le corps humain, alors que

---

[28] A.-M. Moulin, « Se repérer dans le labyrinthe du corps et de l'Histoire », Introduction *Islam et révolutions médicales. Le labyrinthe du corps*, 2013, p. 5-42.

[29] Ibn al-Nafis, *Commentaire de l'anatomie du Canon d'Avicenne*, trad. A. Chadli & A. Ezzine Barhoumi, Tunis, Simpact, 2006.

[30] P. Koetschet, « Disséquer l'âme », *op. cit.*

[31] E. Savage-Smith, « Attitudes towards Dissection in Medieval Islam », *JHM* 1995, 50, p. 67-110.

l'historiographie européenne tendait à affirmer que même la dissection sur les animaux était prohibée, et donc non effectuée, ce qui a été contesté, de manière évidente[32].

Les discussions épistémologiques autour de l'usage et de la place de la dissection dans le débat médical sont étroitement liées au rôle accordé par les médecins à l'expérimentation. Quelle position épistémologique adoptent les défenseurs et les adversaires de la dissection ? Comme nous le rappelions plus haut pour la notion de *tağriba*, pour les premiers siècles de l'Islam, où la théorisation et la formalisation n'étaient pas achevées, ou exprimées comme telles, on ne peut apprécier la valeur intellectuelle et scientifique de la dissection chez tous les médecins ou naturalistes[33]. Si on souhaite connaître les raisons invoquées par les défenseurs et les adversaires de la pratique de la dissection, il faudrait explorer un à un les textes et encore une fois les examiner dans leur contexte intellectuel et épistémologique. Pour en avoir un aperçu, voici un témoignage du médecin Ibn abi al-Aš'aṯ (Xe s.), rapporté par le bio-bibliographe de la médecine et des médecins arabes du XIIe s., compagnon d'études d'Ibn al-Nafis, Ibn abi Usaybi'a (1194-1270) :

> Il faut savoir que la nourriture, lorsqu'elle pénètre dans l'estomac en grande quantité, conduit [celui-ci] à s'étirer et tous ses plis à se déplier, comme je l'ai observé dans le cas d'une bête que j'ai disséquée vivante en présence de l'émir al-Ġaḍanfar. L'une des personnes présentes pensait que l'estomac était de plus petite taille [qu'il ne l'est en réalité]. J'ai donc commencé à verser de l'eau dans sa gueule. Une jarre après l'autre, nous avons déversé en tout quarante litres. Puis j'ai regardé la paroi intérieure, et vu qu'elle s'était étirée jusqu'à être d'extension égale à la surface extérieure. Après que j'ai perforé [l'estomac], il a rétréci à nouveau lors de l'expulsion de l'eau, et les plis intérieurs sont revenus à leur état initial, ainsi que le pylore. Nous avons fait des prières, tant nous ne pouvions en croire nos yeux[34].

Pour revenir brièvement à al-Ǧāḥiẓ comment il lui est arrivé d'effectuer des manipulations sur des animaux, de découper, de voir

---

[32] E. Savage-Smith, Emily, *op. cit.*

[33] P. Koetschet, *op. cit.*

[34] Ibn Abī Uṣaybiʿa, *Histoire des médecins* 2, p. 142. Cité par P. Koetschet, *op. cit.*

dans les entrailles des poissons, etc. dans le but de les observer et de les étudier :

> J'ai découpé le lézard en deux parties [*innī uqṭi'uhu bi niṣfayn*] (*Ḥay* VI : 54).
>
> J'ai vu les œufs des serpents [*ḥayyāt*] et les ai cassés pour savoir ce qu'ils contenaient : ce sont des œufs de forme ovale, de couleur verdâtre, dont certains sont tachetés et brillants par endroits (*Ḥay* IV : 170).

Quoi qu'il en soit, l'historiographie a fait peu mention de l'existence de la dissection, alors que cette pratique était très courante, surtout auprès des chirurgiens, manipulateurs par excellence. Selon, E. Savage-Smith, il y a une réelle absence d'études sur ce sujet ; l'exemple du manuscrit du traité (non identifié) du médecin nestorien Yuhanna Ibn Massawayh (Jean Mesué) (777-857) sur la dissection, peu étudié[35] et dont on ne trouve la trace que dans un seul manuscrit (Alep). Dans son étude, E. Savage-Smith décrit l'importance de la pratique et même sa nécessité défendue par de nombreux médecins et chirurgiens *(al-ğara'ihiyun)* comme le médecin de Saladin, al-Šayzarī (m. 1193) qui exige la connaissance de la chirurgie auprès des praticiens. À ce sujet, il prend l'exemple de l'acte d'incision de l'hémorroïde et affirme que c'est absolument nécessaire de connaître les parties du corps humain, les muscles, les veines, les artères et les nerfs qui s'y trouvent, afin de les éviter lors de l'ouverture d'abcès ou de l'excision de l'hémorroïde[36].

De même, chez le grand médecin Ibn Sīnā (980-1037) (Avicenne des Latins), qui a rédigé l'encyclopédie médicale du *Canon de la médecine* (*al-Qanūn fi-l-tibb*), référence majeure dans le monde arabe et en Europe pendant des siècles, la nécessité de la dissection était défendue : pour lui, si les descriptions des causes des maladies, leurs symptômes et leur traitements peuvent être étudiés au prisme de la raison, les parties du corps, leurs fonctions doivent être approchées et

---

[35] Concernant le manuscrit *Kitāb al- tašrīḥ d'Ibn Massawayh,* voir F. Sezgin, *Geschichte des arabischen Schrifttums*. Vol. III. Medizin-Pharmazie, Zoologie-Tierheikunde. Leiden, Brill, 1970, 231-236, p. 235 entrée no. 29, voir également M. Ullmann, *La médecine islamique*, Paris, PUF, 1995.

[36] Abd al-Raḥmān al- Šayzarī, *Nihayat al-rutbah fi talab al- ḥisbah*, ed. al-Sayyid al-Bāz, Le Caire, Assoc. Authorship, Translat. and Publicat. Press, 1946, p. 101.

étudiées par l'observation (*ḥiss*) et la dissection (*tašrīḥ*)[37]. Citons encore quelques exemples de praticiens de la dissection.

*Abul-Qāsim al-Zahrāwī (940-1013)*

Pour le médecin andalou (Abulcasis des Latins), l'art de la médecine est long et laborieux et pour pouvoir l'exercer, il faut s'adonner et se former à la science de la dissection et de l'anatomie (*'ilm al-tašrīḥ*), comme Galien par le passé. Celui qui ne fait pas cet effort ou le refuse est voué à l'échec et au risque de commettre des erreurs fatales.

> [...] afin qu'il puisse connaître parfaitement les usages, les formes et les constitutions des parties, ainsi que la façon dont elles sont liées et la façon dont elles sont indépendantes ; qu'il comprenne parfaitement les os, les nerfs et les muscles, leur nombre et leur origine, ainsi que les vaisseaux sanguins, les artères et les veines du corps, avec l'emplacement de leurs sources.[38]

*Ibn al-Nafīs (1213-1288)*

La dissection était une méthode de travail pour le médecin syrien qui exerça entre Damas et le Caire. Á partir de ses manipulations, il a pu découvrir la petite circulation sanguine dans les artères coronaires ; la circulation sanguine vers les poumons pour les fournir en air et non en aliments, et l'inexistence d'air ou de sédiments dans les artères pulmonaires (comme le prétendait Galien), et présence du sang seulement. Dans ses travaux, il contredit certaines observations de Galien à travers l'usage de la dissection[39]. Les illustrations de ses

---

[37] Ibn Sina, *Kitâb al-Qanûn it al-tibb,* (Rome, Typographia Medicea, 1593), p. 2; Ibn Sīnā, *Kitāb al-Qanūn fi-l-tibb,* 3 vols, le Caire, Baliq, 1877.

[38] Al-Zahrawî, *Albucasis On Surgery and Instruments. A Definitive Edition of the Arabic Text with English Translation and Commentary,* eds. and trans. M. S. Spink and G. L. Lewis, Berkeley/Los Angeles: University of California Press, 1973, p. 2-3 ; translation is that by Spink and Lewis, emended by the present author. Pour plus d'informations sur al-Zahrawî (Albucasis), voir F. Sezgin, *op.cit.*, p. 323-325.

[39] Voir R. Abdel-Halim, « Contributions of Ibn al-Nafis (1210-1288 AD) to the Progress of Medicine and Urology, *Saudi Med Journal*, 2008, vol. 29 (1), p. 18. Voir également A.Z. Iskandar, « Comprehensive Book on the Art of Medicine by Ibn al-Nafis », *The Second International Islamic Medicine Conference*, Kuwait, 1982.

ouvrages qui nous sont parvenues révèlent les données issues des procédés de dissections anatomiques.[40]

*Positions de Rāzī versus al-Farābī sur la dissection et l'expérimentation*

Dans le *Livre complet sur la médecine*, al-Rāzī (865-925) manifeste régulièrement son intérêt pour les expérimentations menées par Galien dont il cite le principal traité sur l'anatomie, *Sur les procédures anatomiques*, ainsi que les traités *Sur la dissection des animaux morts, Sur la dissection des animaux vivants, Sur l'anatomie selon Hippocrate, Sur l'anatomie selon Érasistrate.* Ces quatre traités sont perdus à la fois en grec et en arabe, excepté la traduction arabe du traité *Sur la dissection des animaux morts*[41]. Pour al-Rāzī, comme pour de nombreux médecins après lui, l'expérimentation et la manipulation des corps font partie intégrante de la pratique médicale et offrent des arguments dans le raisonnement sur le fonctionnement du corps sain/corps malade. Al-Rāzī est lui-même l'auteur d'une expérience thérapeutique menée sur un singe qu'il possédait, qu'il relate dans le *Livre à al-Manṣūr*[42].

À l'inverse, la position d'al-Fārābī au sujet de la dissection, qui s'exprime dans sa *Réponse à Galien*, fait montre d'une certaine réticence. Elle témoigne des débats épistémologiques autour de l'expérience qui peut être réduite à l'*observation sensible*, et donc ne pas constituer un élément de jugement fiable selon certains, au contraire de l'*expérience méthodique* élaborée par al-Rāzī. Dans cette épître, al-Fārābī explique que la dissection est rendue nécessaire en médecine par le fait que certains objets de cette science ne sont pas accessibles à la démonstration (*burhān*), mais seulement à l'observation sensible (*mušāhada*)[43]. Pour al-Farābī, la dissection, comme l'observation, est ainsi synonyme d'un examen attentif mené sur une partie du corps, afin d'en connaître les caractéristiques, mais elle n'a aucune valeur démonstrative dans les raisonnements sur les finalités des parties du corps humain. S'ajoutent à ces limites de principe les défauts de toute

---

[40] R. Abdel-Halim, *op. cit.*

[41] P. Koetschet, *op. cit.*

[42] P. Koetschet, *op. cit.*

[43] P. Koetschet, *op. cit.*

observation sensible. Ainsi, al-Fārābī juge que les désaccords portant sur les parties du corps elles-mêmes, leur taille, leur forme et leurs relations mutuelles, sont très difficiles à trancher car ils reposent sur le témoignage des sens, obtenu à travers l'exposition (*takaššuf*) et la dissection (*tašrīḥ*) de ces parties. Or, ces deux opérations sont « difficiles à réaliser[44] ».

### 3. Conceptualisation de l'expérience ? Quelle perspective théorique ?

On a vu que la question de l'expérience, du recours à la manipulation des organismes, de mise à l'épreuve de phénomènes par l'observation sensible (premières formes d'expérience vécue, avant la reproduction sous forme d'expérimentation ou d'expérience induite) peut prendre plusieurs aspects et être mobilisée par les savants, qu'ils soient naturalistes, zoologues ou médecins. Dans quelle mesure peut-on y voir un effort de conceptualisation, un développement sur le statut de l'expérience ? Al-Ǧāḥiẓ rappelle dans le *Hayawān* qu'

> Il n'y a pas de moyen de réfuter cette information parce qu'elle est passée dans les mœurs, que des témoins l'ont vérifiée et qu'elle a été intégrée par l'*expérience (Ḥay* II : 132 trad. F. Kenanah).

Même si la nécessité théorique n'apparaît pas distinctement ou explicitement dans le texte d'al-Ǧāḥiẓ, l'observation, l'expérience, et le raisonnement s'articulent au sein de sa démarche dans l'objectif d'apporter des explications concrètes à des phénomènes biologiques. Observation, expérience par les sens, répétition volontaire ou non de situations où se reproduisent des phénomènes préalablement observés, sont autant d'étapes d'accès à la connaissance, de volonté de valider une idée, lesquelles se retrouvent dans le *Kitāb al-Ḥayawān*.

#### *Conceptualisation et théorisation chez des penseurs plus tardifs : tağriba (expérience) – istiqrā' (induction) – i'tibār (processus expérimental)*

Aux périodes plus tardives, au moment où de plus en plus de textes sont traduits et commentés, et où la pensée scientifique s'enrichit et se

---

[44] Al-Fārābī, *Réponse à Galien*, p. 61. Voir P. Koetschet, *op. cit.*

nourrit de nouveaux concepts, une réflexion plus approfondie sur ces questions et l'adoption d'une terminologie plus « technique » émergent.

À la *tağriba*, que de nombreuses lectures font correspondre à l'*empeiria* grecque (expérience par les sens)[45], même si pour de nombreux chercheurs il semblerait ne pas avoir d'objection intellectuelle d'y voir aussi le sens d'*expérimentation*, s'ajoute l'usage d'autres termes comme *i'tibār*, qui sera mobilisé notamment par le savant Ibn al-Hayṯam (965-1040). En effet, selon J. McGinnis, dans la littérature philosophique et médicale grecque, l'*empeiria* est associée à un « savoir-faire » que l'on acquiert grâce à l'expérience accumulée, et la définition « technique » que donne Ibn Sīnā de la *tağriba* semble sensiblement différente. La *tağriba*, telle qu'elle s'est manifestée dans de nombreux textes, et particulièrement chez Ibn Sīnā, implique un examen très attentif et critique des phénomènes, en prenant soin de noter les conditions antécédentes qui entourent les observations. C'est pourquoi J. McGinnis suggère de traduire *tağriba* par *examen* et ne trouve pas si anachronique de voir en la *tağriba* une forme d'expérimentation[46] telle qu'elle sera envisagée aux siècles suivants[47].

Dans son traité philosophique *Kitāb al-Burhān* (*Le Livre de la Démonstration*), inclus dans le *Kitāb al- Šifā'* (*Le Livre de la Guérison*) inspiré des *Analytiques* d'Aristote, Ibn Sīnā s'interroge sur les questions relatives à la preuve, à la vérification et à la démonstration, et de là apparaissent naturellement les principes liés à l'expérience, à l'induction, à la reproduction de phénomènes ou de mécanismes qu'on cherche à expliciter et à démontrer. Ibn Sīnā a porté un regard critique sur l'induction aristotélicienne, car elle ne conduisait pas selon lui aux prémisses absolues et universelles ; il privilégie le recours à l'expérience (et l'expérimentation), qui représente pour lui un moyen fiable et rigoureux de recherche scientifique, même si elle ne fournit pas nécessairement des principes absolus, elle permet néanmoins au savant de découvrir des principes premiers.

---

[45] J. McGinnis, « Scientific Methodologies in Medieval Islam », *Journal of the History of Philosophy* 2003, 41-3, 307-327, p. 317.

[46] J. McGinnis, *op. cit.*

[47] Sur le débat autour des notions de *tağriba, i'tibār, and istiqrā'* chez Ibn al-Haytham, voir A.I. Sabra, *The Optics of Ibn al-Haytham:* Books I–III, On Direct Vision, Vol. II, London: Warburg Institute University of London, 1989.

Sans chercher à comparer cette démarche à la « méthode expérimentale », telle qu'elle va émerger et se formaliser selon des cadres épistémologiques précis que ce soit chez Roger Bacon (1214-1292), ou plus tard avec la médecine expérimentale de Claude Bernard (1813-1878), on peut toutefois souligner d'une part, que cette démarche appuie la nécessité d'exposer soigneusement les conditions dans lesquelles l'expérimentation a lieu, et d'autre part, elle porte en elle le caractère hésitant des découvertes scientifiques face aux nouvelles observations[48].

Selon le médecin perse, contrairement à l'induction, l'expérimentation n'a pas l'intention d'établir une connaissance absolue nécessaire, mais elle se contente d'une connaissance nécessaire conditionnelle. L'expérimentation (*tağriba*) est plus modeste dans ses intentions que l'induction (*istiqrā'*). Un exemple donné par Ibn Sīnā dans le *Kitāb al-Burhān* – ouvrage qui n'a pas été traduit en latin ni en langues européennes (excepté un chapitre) – illustre bien ce concept[49] :

> [l'expérimentation] est comme notre jugement que la plante scammonée est un purgatif pour la bile ; car puisque ce [phénomène] est répété de nombreuses fois, on abandonne l'idée qu'il fait partie des choses qui se produisent par hasard, donc l'esprit a jugé qu'il appartient au caractère de la scammonée de purger la bile et [l'esprit] y a adhéré, c'est-à-dire que purger la bile est une caractéristique intrinsèque [*'arad lāzim*] qui appartient à la scammonée (Ibn Sīnā, *Kitāb al-Burhān*, 45, 15-8).

*Terminologie qui se diversifie et se précise…*

Quels que soient les termes que le concept va emprunter dans les textes arabes médiévaux, et sa relative validité scientifique chez certains philosophes, l'expérience et/ou l'expérimentation (*tağriba*) reste un fondement de la connaissance scientifique chez tous les penseurs arabes qu'ils soient naturalistes, médecins, ou physiciens. Elle sera explicitée selon divers moyens, et comme nous l'évoquions précédemment, c'est chez Ibn al-Hayṯam (965-1040), dont les travaux sur l'optique, notamment *Kitāb al-Manāẓir* (*Livre d'Optique*), ont été

---

[48] J. McGinnis, *op. cit.*, p. 317.
[49] J. McGinnis, *op. cit.*

fondateurs et ont ouvert la voie aux travaux ultérieurs en Europe[50], qu'on retrouve une formalisation assez approfondie et une défense de la démarche expérimentale dans la pratique scientifique, notamment via la mise en place de protocole, de répétition de phénomènes, et l'introduction d'instrumentation. Ce mode opératoire se retrouve sous l'appellation *i'tibar*[51]. Dans la traduction anglaise de l'*Optique* d'Ibn al-Hayṯam, c'est le terme *experiment, examination*, ou souvent *experimental examination* qui sont utilisés ; on retrouve également le praticien qualifié de « *experimenter* », et les deux termes « *examination* » et « *experiment* » sont souvent formulés simultanément et ce sont ceux qui ont été choisis par le traducteur AI. Sabra, par exemple :

> This property [...] can be examined by an accurate *experiment* that leads to certainty.[52]

À la manière d'al-Ǧāḥiẓ en son temps et dans un autre registre, Ibn al-Hayṯam a cultivé l'idée de relire de manière critique les autorités[53]. Il posait comme condition essentielle au travail scientifique de remettre en cause le « passé » ou les « anciens » en soumettant à examen leurs propositions pour faire avancer le savoir et la connaissance. Il a promu une approche qui vise à l'étude des phénomènes, soit pour acquérir de nouvelles connaissances, soit pour rectifier ou corriger des connaissances antérieures, en suivant une forme de protocole expérimental qui se structure autour de la collecte de données, d'observations, de mesures, puis par la formulation et la vérification d'hypothèses, par la voie de l'expérimentation reproductible[54]. Ce qui a été une avancée majeure dans le travail d'Ibn al-Hayṯam, c'est évidemment la réflexion de la lumière : émission de l'hypothèse basée sur des observations de relations physiques (que la lumière provient des objets) puis conception d'une expérience pour tester cette hypothèse.

---

[50] Sur ce sujet, voir T. Venkateswaran, « Influence of Ibn al-Haytham on Vision, Optics, and Experimental Sciences », *Science and Culture*, nov. 2016, p. 358-363.
[51] N. El-Bizri, Arabic classical traditions in the history of the exact sciences: The case of Ibn al-Haytham, *The European Physical Journal Plus*, 2018, vol. 133, p. 1-7.
[52] A.I. Sabra, *op. cit.*, p. 23.
[53] Sur la question de l'autorité, celle-ci n'avait pas la même « valeur » ou « crédit » que dans le monde latin à la même période.
[54] El-Bizri, *op. cit.*, voir également Venkateswaran, *op. cit.*, p. 360.

« L'acte de vision n'est pas accompli au moyen de rayons émis par l'organe visuel »[55] ; au contraire, « la vision est accomplie par des rayons provenant des objets externes et pénétrant dans l'organe visuel »[56] . Et au-delà des résultats importants pour la science physique, ceux-ci ont permis de mieux connaître l'anatomie de l'œil. À l'aide des dissections et des connaissances des savants précédents, il a pu commencer à expliquer comment la lumière pénètre dans l'œil, et comment elle est focalisée et projetée à l'arrière de l'œil.

La terminologie utilisée par Ibn al-Hayṯam constitue une forme de conceptualisation, qui va au-delà de l'expérience *taǧriba* opérée par les naturalistes et autres médecins, contemporains ou tardifs, puisque ce qu'il propose est une forme de processus qui peut être assimilé à une « démarche » ou « méthode » pleine et entière et qu'il a nommé *i'tibār* (litt. « tirer une leçon de l'expérience »), qui s'articule autour de plusieurs aspects : Observation – Définition du problème – Formulation d'une hypothèse – Vérification de l'hypothèse au moyen de l'expérimentation (testes répétés et contrôlés) – Analyse et interprétation des données et Formalisation. Ce terme de *i'tibār* se retrouve sous le terme *experimentum* dans les traductions latines de l'ouvrage d'Ibn al-Hayṯam. Sa méthode combine les données empiriques (observation) et mathématiques (instruments, mesures), ce qui donne à sa démarche un caractère conceptuel et méthodique concret.

Ainsi, l'expérimentation (*taǧriba*) a été mobilisée par des auteurs des débuts de l'Islam, comme al-Ǧāḥiẓ, développée et discutée philosophiquement par Ibn Sīnā et son contemporain Ibn al-Hayṯam l'a conceptualisé, en l'intégrant à un processus inscrit dans une démarche scientifique rigoureuse. Toutes ces formes ont pu constituer des étapes dans l'histoire des réflexions autour de la méthode scientifique. Lorsque l'*Optique* d'Ibn al-Hayṯam a été connue dans l'Occident latin par des auteurs tels que Robert Grosseteste ou Roger Bacon, l'expérimentation est devenue un ingrédient clé du discours scientifique. Elle a conservé

[55] A.I. Sabra, *op. cit.*, p. 37 voir également p. 51-55
[56] *Op. cit.*

cette position importante au cours des siècles suivants et jusqu'à l'époque moderne[57].

CONCLUSION

La biologie, requiert d'emblée une attitude contemplative : elle passe par une observation des phénomènes naturels, par la description des éléments de la Nature : minéraux, végétaux, animaux, que l'homme présente avec les outils dont il dispose : matériels, épistémologiques, conceptuels, intellectuels[58].

Beaucoup de temps est nécessaire pour que l'on vérifie [*probetur*] *ce qui a été éprouvé* [*experimentum*], en sorte que l'on ne se trompe en aucune manière [...]. Il importe que ce fait éprouvé ne soit pas *vérifié* seulement d'une manière, mais selon toutes les situations, pour qu'il soit de façon certaine et correcte le début [*principium*] de l'œuvre (Albert le Grand dans son commentaire à l'*Ethique*)[59].

Pour la période médiévale, nos lectures de l'histoire des sciences avec un regard rétrospectif ont encore tendance à sous-estimer les efforts des savants des époques antérieures, disqualifiant leurs démarches comme « pré-scientifiques », alors qu'une lecture contextualisée permet de mieux appréhender la pensée des savants (antiques ou médiévaux) et de définir plus précisément les cadres méthodologiques et conceptuels dans lesquels se déploie leur pensée, et les voies d'accès au savoir que constitue la méthodologie scientifique.

Alister Crombie avait déploré cela et invitait à des investigations poussées, notamment au sujet de l'expérience :

> Pour l'histoire des sciences dans toute la période médiévale et moderne, les relations entre les habitudes intellectuelles et les méthodes de la

---

[57] A.A. Akasoy & A. Fidora, « The Structure and Methods of the Sciences », R.C. Taylor & L.X. Lopez-Farjeat (eds.), *The Routledge Companion to Islamic Philosophy*, London, NY, 2016, 101-114, p. 112.

[58] A. Zucker, « Zoologie et philologie dans les grands traités ichtyologiques renaissants », P. Sineux (éd.), L'Hortus sanitatis. *Kentron*, 2013, 29, 135-174, p. 139. https://doi.org/10.4000/kentron.702

[59] *Ethica*, VI, tr. 2, c. 25, éd. Borgnet VII 1891, 442b-43a: *Multitudo enim temporis requiritur ad hoc, ut* experimentum probetur, *ita quod in nullo modo fallat* [...]. *Oportet enim* experimentum *non in uno modo, sed secundum omnes circumstantias* probare, *ut certe et recte principium sit operis*. Cité par I. Draelants, *op. cit.*, 2011, p. 98.

science théorique et de la technologie pratique constituent un vaste champ de recherche qui a été très peu exploré.[60].

Dans l'Occident médiéval, l'expérience comme « preuve » ou comme « action visant à la connaissance des choses » n'émerge et ne diffuse qu'avec les traductions d'Aristote[61].

Dans le monde arabe, il y a eu diverses réflexions et usages du concept *taǧriba*, qui a acquis diverses significations et évolutions sémantiques, et qui a été précisé et explicité au fil des siècles et des données issues des savoirs anciens, notamment grecs, qui ont été assimilés et intégrés au vocabulaire scientifique[62]. Ce concept, à l'instar de beaucoup d'autres, a été adopté, puis étendu à d'autres domaines et élargi à un processus qui poursuit sa voie vers une démarche expérimentale comme ce fut le cas pour Ibn al-Hayṯam et l'*i'tibār*.

La méthodologie d'un savant comme al-Ǧāḥiẓ s'articule autour de l'observation, la référence livresque, l'examen rationnel, la vérification/mise à l'épreuve par l'expérience qui se complètent et interagissent, avec des relations parfois de coopération, de subordination, parfois de confrontation, mais qui, de manière générale, ne sont pas mobilisés de manière isolée.

La question de l'existence d'une méthode expérimentale dans la période médiévale arabe a fait l'objet de recherches, concentrées notamment sur les avancées scientifiques relatives à l'optique[63]. Bien avant Bacon, le recours à l'*experientia* a pu avoir lieu

---

[60] A. Crombie, « Medieval logic of experiment », dans A. Crombie, Styles of Scientific Thinking in the European Tradition: The History of Argument and Explanation Especially in the Mathematical and Biomedical Sciences and Arts, I-III, London 1994, p. 313-319.

[61] I. Draelants, *op. cit.*

[62] Sur la question de la réception, traduction et de la transmission du patrimoine grec et de la constitution d'un savoir et d'une méthodologie dans la pensée arabe médiévale, voir D. Gutas, « Certainty, Doubt, Error: Comments on the Epistemological Foundations of Medieval Arabic Science », *Early Science and Medicine* 2002, 7, 3, 276-89.

[63] R. Rashed, *Géométrie et dioptrique au Xe siècle : Ibn Sahl, al-Qūhi et Ibn al-Haytham*, Paris, Les Belles Lettres, 1993.

dans des cadres qui étaient différents et qui répondaient aux exigences épistémiques de leur « écosystème intellectuel »[64].

La problématique de l'expérience et son bagage méthodologique est une question majeure pour l'historien des sciences et particulièrement pour l'historien de la biologie, dont la discipline n'est considérée comme constituée scientifiquement qu'au XVIII-XIX<sup>e</sup> siècle. Cette problématique de l'expérience est intéressante dans la mesure où elle mobilise les deux versants de la production scientifique : le versant de la théorie et celui de la pratique[65] ; eux-mêmes alimentant les débats entre les savants : est-ce que la raison, la réflexion, l'abstraction sont les éléments qui permettent de concevoir une idée, puis de la valider ou, pour la biologie du moins, doit-on passer par l'empirisme, puis par la pratique de l'expérience qui permettra une démonstration et donc une validation théorique ?

---

[64] J. Roger, « Histoire de la Science ou des sciences ? Une histoire ou des histoires des sciences ? », *Séminaire d'épistémologie et d'Histoire des Sciences*, Institut National Agronomique, Paris-Grignon, 1986, p. 37.

[65] A ce sujet, et pour le Moyen-Age plus particulièrement, voir G. Beaujouan, « Réflexions sur les rapports entre théorie et pratique au Moyen Age », J.E. Murdoch, E.D. Sylla (eds) *The Cultural Context of Medieval Learning*. Boston Studies in the Philosophy of Science, vol. 26, Dordrecht, Springer, 1975.

*Bull. Hist. Épistém. Sci. Vie*, 2025, *32*, (2), 155-173

# Expérimentation animale et pathologies environnementales : quand le laboratoire du soin devient le milieu écosystémique

Clara Charlet*

RÉSUMÉ. L'expérimentation animale est devenue un outil du soin, permettant à la médecine de révéler des mécanismes organiques cachés. Cependant, les maladies infectieuses auxquelles nous sommes confrontées ravivent cette urgence à comprendre à la fois le contexte mais aussi les processus d'émergence et de transmission de ces pathologies souvent d'origines animales. Aussi, dans la mesure où c'est la relation inter espèce qui est en jeu, il serait intéressant d'interroger le rôle que joue l'écosystème en matière de santé. Puisqu'il est la condition d'habitabilité du vivant et de ces relations, pourrait-on ouvrir le spectre de l'expérimentation animale en laboratoire à celui de l'écosystème, faisant de lui un médiateur de la santé ? Nous verrons que si l'expérimentation écosystémique pose des obstacles épistémologiques, il n'en reste pas moins l'une des meilleures clés de compréhension des pathologies environnementales, renforçant alors considérablement le travail effectué en laboratoire.

***

ABSTRACT. Animal experimentation has become a healthcare tool, enabling medicine to reveal hidden organic mechanisms. However, the infectious diseases we face today, which often originate in animals, have reignited the urgent need to understand both the context and the processes involved in their emergence and transmission. With inter species relationships being at stake, it is interesting to question the role that the ecosystem plays in health. Since this is the condition on which habitability for living beings and these relationships is predicated on, could we open up the spectrum of animal experimentation in the laboratory to that of the ecosystem, making it a mediator of health? We will see that while ecosystemic experimentation poses epistemological obstacles, it remains one of the best keys to understanding environmental pathologies, thereby considerably reinforcing the work carried out in the laboratory.

***

* Doctorante en Histoire et épistémologie des sciences de la vie, UPJV, CHSSC.

## INTRODUCTION

S'intéresser à l'histoire de l'expérimentation animale, c'est avant toute chose prendre part à celle de la médecine et du soin, tant leurs épistémologies et leurs pratiques sont intriquées. Attestant d'abord d'un attrait pour la compréhension et la modélisation du vivant, l'expérimentation animale semble depuis l'Antiquité, représenter un enjeu de santé et de thérapeutique sans pareille mesure. Dès les vivisections publiques de Galien, l'enjeu est clair : avoir la possibilité d'explorer l'intérieur du corps animal et ses mécanismes pour comprendre et agir sur celui de l'humain. Débute alors une tradition philosophique et médicale qui va de pair avec la systématisation du recours à l'expérimentation animale en science et en médecine au fil des siècles, à savoir la représentation du corps animal comme objet. Ce paradigme va s'intensifier et atteindre son point d'orgue au XVII^e^ siècle avec la théorie de l'animal machine[1]. Avec Descartes, le statut de l'animal objet gagne en puissance : en comparant l'animal à une machine perfectionnée agissant de manière automatique face à des stimuli, l'animal se retrouve dépossédé de toute forme de pensée et même d'âme. Ces attributions s'ancrent dans l'histoire des sciences et de la médecine, transformant l'animal non plus seulement comme objet au sens de matière privée de raison, mais bien comme un objet devenant un outil de connaissance et d'étude pour la science. Devenu un modèle que l'on observe pièce par pièce dans le milieu clos du laboratoire, l'animal s'apparente davantage à de la matière fracturée qu'à un organisme vivant. Ces thèses et la représentation qu'elles insufflent contribuent ainsi à faire de l'expérimentation animale une norme et un terrain propice à la naissance du mouvement physiologiste au XIX^e^ siècle, mouvement incarné par François Magendie et Claude Bernard. Leurs travaux expérimentalistes et la systématisation du passage au laboratoire qui s'en suit, achèveront de faire de l'animal un véritable instrument pour la médecine humaine, en particulier dans le domaine des neurosciences.

Pourtant, épistémologiquement et en pratique, l'animal ne semble pas avoir été uniquement un objet d'expérimentation telle qu'on le conçoit en laboratoire : il a également été un sujet éligible au soin. En

---

[1] R. Descartes, *Discours de la Méthode*, Cinquième partie, Flammarion, Paris, 2020.

effet, depuis l'Antiquité, des auteurs, médecins comme philosophes, s'adonnent à des descriptions ou encore à des hypothèses concernant la santé de l'animal, comme c'est le cas dans la médecine hippocratique. Des premiers traités antiques sur les soins à prodiguer aux chevaux, à la création des premières écoles vétérinaires dans les années 1760, il est évident que l'animal se détache du laboratoire au titre d'être vivant pouvant bénéficier d'une médecine. Mais, au-delà de constituer les fondements d'une réflexion de traitement plus éthique des animaux, leur intégration dans le parcours de santé *via* le développement de la médecine vétérinaire au XVIII^e^ siècle va devenir la pierre angulaire d'une expérimentation animale qui pousse les murs du laboratoire. La raison est simple : dans un siècle des Lumières qui accorde une place prédominante aux explorations et à l'hygiénisme, la peur des épidémies se réveille et devient un sujet de société à part entière. Aussi, les médecins et scientifiques de l'époque vont mettre un point d'honneur à mieux connaitre les liens étiologiques existants entre les pathologies humaines et animales, redéfinis à cette époque par les prémices de la théorie microbienne, bouleversant, tant dans la théorie que dans la pratique, l'expérimentation animale. Il ne s'agit plus d'explorer le corps de l'animal pour en percevoir ses mécanismes, mais bien d'explorer les causes et les modes de transmission favorisant un lien pathogène possible entre l'animal et l'humain.

Avec la conceptualisation du terme de zoonose au XIX^e^ siècle, l'approche expérimentale proposée par les vivisections ne suffit plus. Et cela est particulièrement vrai aujourd'hui à l'ère de la crise du vivant et des pathologies environnementales. L'identification de parasites transmis à l'homme *via* son alimentation ou encore l'infection causée par un animal porteur d'un germe sont autant de pistes exploratoires dont la complexité d'émergence résulte du caractère vivant de la transmission. À l'heure où 60% des maladies infectieuses sont communes aux humains et aux animaux[2], l'expérimentation animale semble plus que jamais être l'une des clés pour penser la crise du vivant à laquelle nous faisons face. Pourtant les conditions d'émergence des pathologies environnementales, telles que les zoonoses qui nous frappent de plein fouet depuis le début des années 2000, semblent

---

[2] Chiffres énoncés sur le site de l'ANSES dans le dossier « La santé des animaux c'est aussi la nôtre », p. 4.

souvent effleurées mais jamais pleinement identifiées. Puisque cette transmission pathogène se produit *via* des organismes vivants évoluant dans un milieu de vie et des conditions qu'il est nécessaire d'identifier, l'expérimentation animale sur une population d'animaux confinés dans les murs d'un laboratoire ne permet plus de rendre tangible ces conditions d'émergence. Bien plus qu'un objet de connaissance, l'animal semble une fois de plus être le sujet de ces pathologies, mais aussi l'une des clés de sa compréhension. Cependant, est-il possible de concevoir une expérimentation en dehors du laboratoire ? Pourrait-on diversifier la pratique de l'expérimentation animale afin d'ouvrir le champ exploratoire sur les êtres vivants et leurs interactions *in vivo* ?

## 1. VIVANT EN CRISE ET MALADIES ÉMERGENTES : QUAND L'ÉCOSYSTÈME DEVIENT PATHOGÈNE

### *Les maladies émergentes*

Dans son livre *La Fabrique des pandémies*, la journaliste Marie-Monique Robin fait part d'un constat déconcertant : « On croyait les maladies infectieuses éradiquées[3] ». En effet, dans ses nombreux échanges avec des médecins dont des virologues, on constate qu'à partir des années 1980 aux États-Unis, travailler sur les maladies infectieuses parait obsolète, tant cette discipline semble appartenir au passé. La raison de cette impression est simple : au sortir de la Seconde Guerre Mondiale, la médecine moderne et la chimie se pérennisent entre antibiotiques, vaccins et insecticides qui « grignotent alors l'empire des pestes[4] ». Peu à peu les résultats des expérimentations animales passées ainsi que les outils médicamenteux et chimiques qui en découlent, associés à la baisse de survenance de maladies infectieuses et émergentes, mettent un terme à ce pan de la recherche. Cette dernière se concentre alors davantage sur une préoccupation médicale qui semble plus actuelle et heuristique, à savoir l'étude des pathologies non-transmissibles ou chroniques, telles que le cancer ou les maladies cardiovasculaires. Certains évènements corroborent cette fausse victoire sur les maladies infectieuses, comme c'est le cas de la campagne massive de vaccination contre la variole en 1980, de laquelle découlera une annonce officielle de l'OMS qui déclare son éradication,

---

[3] M.-M. Robin, *La Fabrique des pandémies*, Paris, La Découverte, Pocket, 2022, p. 26.
[4] *Ibid.* p. 27.

faisant retomber l'attention des médecins sur l'ensemble des maladies infectieuses. Et si ce constat est véridique en 1980, c'est sans compter la réapparition des premiers cas de tuberculose résistante aux antibiotiques, maladie que l'on croyait elle aussi appartenir au passé, interrogeant sur la pertinence et la durabilité des outils préventifs et thérapeutiques tels que les vaccins face aux maladies infectieuses et émergentes. En fait, le réveil de cette catégorie de maladie que l'on pensait endormie est un chamboulement en médecine car elle menace la santé des humains, mais elle pose aussi la question suivante : avons-nous vraiment compris l'entièreté du processus de contamination mais aussi d'émergence de telles maladies ? Dans le cas de certaines maladies chroniques comme le diabète, identifier les facteurs de survenance de la maladie peut être complexe alors que la récurrence des symptômes aide néanmoins à cerner l'origine du trouble. Les maladies infectieuses elles, sont justement caractérisées par leur caractère variable. Soit le virus devient antibiorésistant, soit il mute, soit les réservoirs de la maladie changent d'une espèce, d'un environnement à l'autre. Ravivée par la crise de Covid-19, cette préoccupation médicale devient alors le point de rencontre entre l'expérimentation animale telle qu'on la connait en laboratoire, et l'écosystème.

Pas moins de 335 maladies émergentes ont été détectées entre 1940 et 2004[5]. Si cette accélération est en partie due à une veille épidémiologique plus intense, l'aggravation des conditions favorisant leur émergence est indéniablement à l'origine de ces chiffres. Sont mis en cause le changement climatique, la densité de certaines populations, le développement et la rapidité des flux migratoires ainsi que l'intensification des modes de production ou d'élevage. En revanche, si tous ces symptômes de la crise écologique doivent être pris en compte individuellement, ils ont pourtant un vecteur commun : la modification drastique de nos écosystèmes. Véritables réservoirs du vivant, les écosystèmes englobent tant les conditions que le lieu de vie des êtres vivants. Ils se définissent comme l'articulation entre une communauté d'êtres vivants (biocénose) avec leur environnement (biotope), et cette liaison est donc absolument essentielle au maintien de la vie sur Terre. Or, le constat des écologues et des médecins est aujourd'hui sans appel :

---

[5] Collectif, « Une lutte historique contre les maladies infectieuses émergentes », *Institut Pasteur*, Dossier, 2022.

la fragilisation des écosystèmes est sans nul doute l'une des fameuses conditions d'implosion du taux de zoonoses de ces dernières décennies, faisant des écosystèmes l'un des rouages à prendre en compte dans la compréhension des maladies émergentes. En 2016, le Programme des Nations unies pour l'Environnement (PNUE) souligne que « les zoonoses sont des maladies opportunistes qui se développent lorsque l'environnement change » et note une augmentation significative du réservoir planétaire viral en raison des changements intenses que subissent les écosystèmes depuis le milieu du XX^e^ siècle. Il semble donc absolument nécessaire pour la médecine d'investir un champ d'expérimentation dans la relation animal-humain pour comprendre les mécanismes de contamination, en se penchant sur ce qui regroupe à la fois le lieu et les conditions de transmission, à savoir l'écosystème. Mais plusieurs obstacles épistémologiques se dressent en dépit de ce constat. En effet, est-il possible de réaliser des expérimentations sur un milieu écosystémique dont la caractéristique première est la variabilité ? Si oui quelles méthodes appliquer ? Nous allons voir que la problématique majeure de ce champ d'expérimentation réside dans la complexité de s'accorder conceptuellement sur ce à quoi renvoie l'écosystème dès la création de ce concept au XIX^e^ siècle.

### *Histoire du concept d'écosystème*

La naissance du concept d'écosystème est affiliée à l'émergence de l'écologie scientifique qui fait ses débuts au XIX^e^ siècle. S'inscrivant dans la tradition philosophique de préservation de la *wilderness*[6], son ancrage scientifique dépend quant à lui du développement d'une nouvelle science : la biologie. Son approche, « qui a pour but, non plus la classification des êtres mais la connaissance du vivant et a pour objet l'analyse, non plus de la structure visible mais de l'organisation[7] » offre une révolution dans les principes qui structurent la connaissance du vivant. Ce changement de paradigme sur la façon de percevoir le vivant non plus seulement par ce qu'il donne à voir mais davantage par son organisation et ses interactions bouleversent le monde scientifique. Et

---

[6] Le concept de « wilderness » est central en philosophie de la nature et s'inscrit dans la lignée du romantisme du XVIII^e^ siècle. Il renvoie à l'idée d'une nature sauvage préservée de la modernisation et est notamment incarné par des penseurs tels que Thoreau et Emerson.

[7] F. Jacob, *La logique du vivant*, Paris, Gallimard, 1970.

par la même occasion, le vivant se complexifie : il devient le sujet d'interactions diverses entre des espèces et un environnement et c'est en comprenant cette organisation holistique que l'on peut parvenir à construire de nouvelles données. Ces considérations sur le vivant comme système sont le résultat de nombreuses expéditions du XVIIIe siècle. Parmi elles on retrouve les voyages du géographe et botaniste Alexander Von Humboldt, véritable précurseur de la pensée écosystémique. Dans une lettre adressée à l'un de ses amis, Humboldt évoque le projet de son expédition en juin 1799 et écrit :

> Je m'efforcerai de découvrir l'interaction des forces de la nature et les influences qu'exercent l'environnement sur la vie végétale et animale. En d'autres termes, il me faut explorer l'unité de la nature[8]

Cette occurrence à « l'unité de la nature » est la première d'une série montrant à quel point les penseurs ne parviennent plus à considérer les plantes ou les animaux uniquement de manière isolée. La considération du vivant extrait de son environnement devient incomplète : sans une lecture d'ensemble, notre compréhension est altérée. En englobant l'environnement dans lequel baigne le vivant, il devient possible de penser des logiques populationnelles comme le fera Darwin, ou encore d'établir une compréhension complète des cycles des éléments de base de la chimie du vivant.

C'est dans ce contexte heuristique d'une pensée écologique globale que le vivant se réorganise et s'expérimente par ensembles, en incluant davantage le milieu comme élément clé. Mais, bien loin d'apparaitre comme un simple lieu qui habite les êtres vivants, un aspect de ce qui se joue dans l'environnement n'échappe pas à Charles Elton ou encore Holmes Rolston, à l'origine du concept de « communauté ». Ce zoologiste et ce philosophe du XIXe siècle parviennent, avec le concept de communauté, à désigner à la fois l'environnement comme espace, mais en y intégrant ce qui s'y joue comme relations. Cette nouvelle lecture de l'environnement permet d'octroyer au vivant une nouvelle dimension à expérimenter, pouvant se révéler extrêmement précieuse dans le cas des zoonoses : les relations entre espèces agissent comme des communautés façonnées par un environnement spécifique.

---

[8] A.V. Humboldt, « Lettre à Freisleben » 1799, citée par Douglas Botting dans son ouvrage *Humboldt and the cosmos, 1973.*

L'environnement fait système, en tant que résultats des individualités qui le composent, et c'est en observant le fonctionnement du système global que l'on peut affiner notre compréhension des transmissions inter espèces. C'est dans ce contexte de prise en compte des interactions qu'apparait la première occurrence du concept d'« écosystème » en 1935, dans les travaux du botaniste anglais Arthur Tansley. Traduisant littéralement la contraction de *ecological* et de *system,* pour Tansley, l'écosystème est en fait ce qui doit constituer une unité de base de la nature, comme l'avait pressenti Humboldt, en révélant aussi bien les interactions entre individus et espèces que la somme de ces dernières, dont l'ensemble fait système. Finalement, ce que permet le concept d'écosystème, c'est une lecture à la fois horizontale et verticale des niveaux trophiques : tous les composants (individus, espèces, communautés d'espèces) forment un ensemble de processus qui maintiennent l'énergie et les flux du système, devenant un terrain absolument prolifique en ce qui concerne la compréhension des agents et des circonstances de transmissions pathogènes.

Pourtant, si la construction du concept d'écosystème semble tendre vers un consensus d'un environnement qui fait système, c'est son identité propre qui fait débat dans les recherches d'aujourd'hui. En effet, dans notre langage, on a tendance à parler d'une « dégradation » de nos milieux de vie, de leur « fragilisation ». Or, dans la mesure ou l'écosystème est à la fois le lieu de vie mais aussi la condition d'interactions saines ou pathogènes, la question d'évoquer une « santé » des écosystèmes est légitime. En fait, si la médecine et l'expérimentation tendent à faire de l'écosystème un nouveau « corps » à explorer pour comprendre les maladies émergentes, il n'en reste pas moins que l'association entre corps et écosystème ne va pas de soi. Dans le cadre de l'expérimentation et de la médecine, la difficulté conceptuelle de cette association réside dans le fait qu'il est impossible de modéliser, d'isoler et d'expérimenter sur un écosystème, comme on le ferait d'un corps animal en laboratoire. Pourtant, l'écosystème n'en reste pas moins le cœur pathogène des maladies émergentes auxquelles notre médecine fait face, et nous verrons dans la suite de cet article de quelles manières les écosystèmes entrent peu à peu dans le champ exploratoire. En effet, si l'écosystème n'est pas une matière organique et mécanique qui laisse aisément voir ses rouages, peut-être faut-il faire de lui le nouveau sujet de l'expérimentation animale en poussant les murs du laboratoire dans le but de s'immiscer directement dans son système structurel du vivant. Nous allons aborder deux approches qui déploient la pratique de l'expérimentation en laboratoire à l'expérimentation en écosystème.

## 2. EXPÉRIMENTER LE « CORPS ÉCOSYSTÈME »

### *Faire des relations inter espèces des données de contrôle*

Afin d'endiguer les maladies émergentes, l'une des clés d'action essentielle passe par la surveillance d'un grand nombre d'informations qui leur sont liées. Qu'il s'agisse d'une surveillance des symptômes, des foyers épidémiques, ou encore de leur origine et progression dans l'espace et le temps, ces informations sont capitales pour espérer endiguer ces pathologies. Aussi, plusieurs outils se développent *via* la médecine et les politiques de santé dans le monde, permettant de recenser des informations épidémiologiques mais aussi de réaliser des veilles sanitaires. En effet, le fort taux d'augmentation de zoonoses depuis les années 2000 pousse la recherche à ouvrir son champ d'exploration au-delà de la simple surveillance populationnelle en se concentrant davantage sur les facteurs à risques, à savoir les contacts avec les animaux. Expérimentation animale d'un genre nouveau, ce sont des plateformes telle que l'ESA (Épidémiosurveillance en Santé Animale)[9] qui constituent aujourd'hui une base de données en surveillance considérable. Cette plateforme créée en 2010 par le ministère en charge de l'Agriculture a pour but de rassembler les acteurs de la santé animale et végétale afin de mener une réflexion sur les leviers permettant d'accroître la performance de la politique de sécurité en France, en incluant la surveillance épidémiologique. Finalement, l'objectif est d'identifier et d'analyser les signaux relatifs aux maladies animales sur un territoire afin d'en effectuer le suivi, en faisant de la veille sanitaire internationale. Cette façon de collecter et d'appréhender les informations concernant de potentiels agents pathogènes chez l'animal, susceptibles de se transmettre à l'homme relève d'une toute autre approche d'expérimentation animale effectuée en laboratoire. D'abord parce qu'il s'agit d'explorer les risques présents dans un environnement donné et les relations qu'il abrite, mais aussi parce que l'écosystème devient alors un corps à observer, à analyser, dans le but

[9] Se référer au site https://www.plateforme-ESA.fr

de soigner les humains. Et, si cette méthode de surveillance tend à agir de manière préventive sur les maladies émergentes, elle vient en complément d'une autre méthode utilisant le corps écosystème dans une expérimentation des risques en dehors du laboratoire de manière encore plus concrète, grâce à l'utilisation de ce que l'on appelle les sentinelles. Les sentinelles sont des collectifs d'humains, d'animaux ou de végétaux placés au point d'émergence de ce que l'on appelle les « réservoirs de maladies », afin d'en détecter les signaux, même faibles. Ces sentinelles étant au cœur des interactions et des interfaces humains-animaux, permettent non seulement d'alimenter les plateformes de surveillance telle que l'ESA, mais aussi d'accroître le savoir en matière de transmission en étant directement témoins des conditions qui la déclenchent. Et parallèlement, les bases de données numériques donnent sens aux signaux repérés par les sentinelles, en les remplaçant par une grande quantité d'informations épidémiologiques. Ces sentinelles permettent donc de brouiller les frontières entre le sauvage et le domestique en ouvrant une zone de passage où s'effectue une surveillance accrue, en contrôlant la transmission aux frontières entre les espèces pour en limiter les conséquences. Cette méthode repose sur un type d'expérimentation animale d'un genre nouveau dont le lieu d'expérimentation n'est plus le laboratoire mais les écosystèmes conçus à travers le biais des animaux sentinelles.

*Les animaux sentinelles*

D'abord, il y a des dispositifs d'animaux sentinelles mis en place avec des mesures humaines. À titre d'exemple, les élevages intensifs représentent une part importante de crainte en matière de zoonoses, puisque la densité et la proximité d'animaux au mètre carré est plus importante que dans n'importe quel autre environnement. Cette concentration d'individus augmente autant les risques de transmissions de pathogènes entre ces individus et cette population d'animaux que vis-à-vis des humains responsables d'eux et donc en contact avec cette population. Les élevages sont à ce titre de grands réservoirs pathogènes, impliquant non plus d'éradiquer les maladies qui peuvent y être présentes, mais de vivre avec, en contrôlant sa transmission aux frontières avec les espèces et en limitant les conséquences. L'une des démarches de contrôle dans les élevages est de plus en plus axée sur la vaccination des individus, permettant une action préventive. Or, la vaccination par son effet de protection, invisibilise la présence du virus, ce qui pousse certains pays comme Hong Kong, gros producteur de volailles, à placer des animaux non vaccinés à l'entrée des fermes pour servir de sentinelles[10]. Ce dispositif est particulièrement utilisé dans le cas de la grippe aviaire, et permet de désamorcer le risque d'un foyer potentiellement pathogène puisque les animaux non vaccinés déclarent les symptômes, permettant aux humains à proximité de se prémunir des risques pour leur propre santé. Cet exemple illustre l'idée selon laquelle l'expérimentation animale à visée de soigner les humains s'avère particulièrement efficace lorsque les dispositifs mis en place se trouvent au cœur du risque, puisque l'action mise en place s'affine et s'adapte directement à l'environnement dans lesquels évoluent les êtres vivants, toutes espèces confondues, mettant en exergue le lieu de contact interspécifique.

Ce recours aux animaux sentinelles est en pleine expansion, puisque de leur mise en pratique résulte des études observationnelles pouvant servir de biomarqueurs d'une zoonose. Cette nouvelle lecture du vivant s'insère donc désormais à plus grande échelle sur la scène médicale mondiale, puisqu'elle est adoptée aussi bien par des médecins que des écologues travaillant sur le concept d'une santé globale, telle que celui de *One Health*, une seule santé. Depuis sa création au début des années 2000, *One Health* incarne l'idée fondamentale d'une santé globale : chaque composante d'un écosystème devient un modèle, un indicateur de l'état général de la qualité de vie dans la mesure où cet environnement ne peut que s'équilibrer sur la santé du tout. Exprimant la réalité d'une santé des écosystèmes, *One Health* prône l'étude tripartite des végétaux, des animaux et des humains, et axe ses recherches sur l'enrichissement que peut amener une communication pluridisciplinaire. En associant études de terrain, études épidémiologiques, expertises médicale et vétérinaire, ainsi que des savoirs autochtones, *One Health* permet d'accroître des systèmes de surveillance visant à prévenir la survenance de maladies, en mettant en lumière des signes précurseurs grâce à des acteurs qui vivent au contact d'animaux, et qui jouent donc eux aussi un rôle de sentinelle. Prenons l'exemple du virus du Nil occidental. Ce virus est arrivé aux États-Unis

---

[10] M. Hossaert-McKey, F. Keck, S.Morand, éds., *L'Homme et l'Animal – L'invention de nouveaux liens*, Paris, Le cherche midi, p. 155.

en 1999, où il a infecté environ 50 000 personnes dont un millier sont décédées avec des symptômes neuro-invasifs[11]. Ce virus, qui est en fait un arbovirus[12] a pour hôtes principaux les oiseaux sauvages, notamment les migrateurs originaires d'Afrique, infectés par des moustiques porteurs du virus dans ce continent. Au printemps, ces oiseaux migrateurs infectés permettent le passage du virus d'Afrique aux zones d'Europe et d'Asie, jouant un rôle crucial dans sa dissémination. Une fois arrivés en Europe et en Asie, ces oiseaux transmettent eux-mêmes le virus aux moustiques occidentaux, perpétuant localement le cycle moustiques/oiseaux, dont les hôtes accidentels sont les mammifères piqués par ces moustiques infectés, comme c'est le cas des animaux domestiques et des humains. En 1999, les premiers à lancer l'alerte et à comprendre d'où vient la transmission inter espèce sont les vétérinaires du zoo du Bronx à New York après qu'ils aient détecté ces symptômes chez plusieurs de leurs animaux[13]. Les ornithologues ont alors suivi la diffusion du virus sur le territoire américain à travers le décompte des oiseaux touchés – environ 300 espèces ont été recensées, ce qui a permis de circonscrire et d'établir un périmètre de la maladie, tout en lançant une procédure de gestion du risque. Cet exemple nous montre à quel point la compréhension des relations écosystémiques est cruciale pour restreindre le champ d'action des maladies émergentes. La vision de la santé proposée par *One Health* est en mesure de construire un savoir plus adéquat concernant les zoonoses. Les animaux sentinelles des maladies illustrent le fait que l'expérimentation animale se caractérise sur un large spectre, et qu'elle doit s'acclimater à la réalité des transmissions dans le milieu naturel des espèces. Ce n'est qu'en comprenant d'où viennent ces virus et comment ils se transmettent que l'on peut par la suite envisager de continuer à faire de l'expérimentation en laboratoire. La multiplication des alarmes, rendue possibles par différentes sources d'alertes et de santé, appartenant à différents domaines disciplinaires, rend le foyer endémique à la fois plus identifiable et moins complexe à gérer. Notamment grâce à des outils mis en place par une réflexion sur la santé globale. En revanche, il semble que si ces outils de gestion se multiplient, les maladies

---

[11] Collectif, « West Nile », *Institut Pasteur*, Dossier, 2020.

[12] Un arbovirus est un virus qui se transmet par le bais d'un arthropode. Dans le cas du virus du Nil il s'agit du moustique.

[13] M. Hossaert-McKey, F. Keck, S.Morand, éds. *Op.cit.*, 2021, p.156.

émergentes sont toujours en augmentation. Faire de l'écosystème un laboratoire à ciel ouvert nous indique non seulement les relations pathogènes qui peuvent s'y exprimer mais aussi à quel point l'état de nos écosystèmes face à la crise écologique est préoccupant, au point de devenir lui-même pathogène.

## 3. L'ÉCOSYSTÈME MALADE : LE REMÈDE PAR LE VIVANT POUR SOIGNER LES HUMAINS

### *Incorporer la variabilité écosystémique dans l'expérimentation*

Dans la mesure où l'écosystème est la condition d'habitabilité du vivant, il structure en grande partie les relations entre les espèces, et donc leurs potentiels rapports pathogènes. En faire un corps à expérimenter a certes permis de mieux appréhender les zoonoses, mais cette expérimentation permet aussi de mettre en exergue un axe de complexité majeur concernant ces milieux. D'abord il est difficile d'appliquer le concept de santé aux écosystèmes puisqu'il ne s'agit pas de corps organiques. De ce constat découle la complexité à laquelle la médecine fait face : puisque l'écosystème n'est pas un corps organique, il ne répond pas à une structure ni à des besoins immuables qu'il suffit d'identifier pour y répondre. Contrairement aux êtres vivants, ce n'est pas l'équilibre qui est garant de la santé des écosystèmes, car leur structure propre repose sur une variabilité plus ou moins grande et rapide selon le milieu, leur permettant de prospérer. Pour reprendre le cas des maladies émergentes, on se rend compte que l'épidémiologie de ces virus est en effet influencée par de nombreux facteurs, notamment environnementaux, ce qui les rend évolutifs et difficilement prévisibles. C'est pour cette raison que l'expérimentation animale, sortie du laboratoire, est en mesure de proposer des réponses plus fonctionnelles que ce qui se joue, notamment en matière de variabilité et de mutation des agents pathogènes. Pour illustrer ce point, nous pouvons nous intéresser à un concept phare lorsqu'il s'agit de médecine environnementale : celui de l'effet cocktail. Cette notion désigne les effets combinés que peuvent avoir plusieurs substances chimiques sur la santé humaine lorsqu'elles sont exposées simultanément, même à faibles doses. Ce phénomène est crucial pour comprendre les impacts sanitaires et environnementaux des polluants, notamment des résidus de pesticides ou des perturbateurs endocriniens. Or, cet effet cocktail résulte justement de l'interaction complexe des substances dans l'environnement, et est extrêmement difficile à reproduire dans une étude de laboratoire puisque de la spécificité écosystémique dépend la diffusion de ce cocktail.

Là aussi il est possible de répondre à cette problématique en abordant l'expérimentation animale avec une autre approche. Certains chercheurs ont montré qu'il était possible d'effectuer des tests toxicologiques sur des mitochondries, au point d'en faire des marqueurs de risques de santé quant à notre exposition à certaines substances. Le principe de la méthode consiste à peindre avec des colorants vitaux les mitochondries et autres constituants des cellules cultivées *in vitro*[14]. Ces dernières sont des cellules humaines, de diverses origines tissulaires, que l'on va exposer à des substances toxiques retrouvées dans notre environnement, comme des particules fines. Grâce à un logiciel, plusieurs paramètres sont étudiés : la taille des mitochondries ou encore leur circularité font partie de la centaine de descripteurs possibles qui permettent de mettre en évidence l'effet délétère de substances toxiques, seules ou combinées. L'objectif est de mettre en relation des évènements moléculaires initiateurs, tels que l'exposition à ces substances chimiques, avec une nocivité ou une toxicité, à différentes échelles biologiques au niveau des cellules, tissus, organes, allant jusqu'aux individus. Cette lecture novatrice sur la façon d'expérimenter le vivant est absolument nécessaire si l'on veut construire un savoir adéquat face aux problématiques de santé environnementales. Une étude menée en laboratoire sur une cohorte de rats détermine la durée d'exposition, la relation dose-réponse, et la gestion du risque, afin d'établir un seuil de tolérance sur l'être humain. Mais si cela fonctionne pour tester la toxicologie d'une substance, une telle étude ne permet pas de rendre compte des effets délétères ou bénéfiques que son interaction avec d'autres substances peut entrainer. En « agrandissant » le laboratoire au domaine vivant en général, l'expérimentation animale s'oriente vers une réponse plus ciblée des besoins de santé mondiale en incorporant les dynamiques écosystémiques au sein même de ses processus exploratoires.

---

[14] A. Aouacheria « Pollution chimique et effet cocktail : une piste vers des tests toxicologiques sans expérimentation animale » *The Conversation*, 2023.

*Quand la biodiversité est garante de notre santé*

Pourtant, si cette variabilité est l'une des composantes de l'écosystème qui le maintient en santé tout en étant la condition de la biodiversité, elle comporte également des risques en matière de santé. En fait, chaque variation ou relation écosystémique, qu'elle soit à l'échelle individuelle ou populationnelle présente un risque de transmission et de foyer pathogène. Mais, dans la mesure où l'écosystème fonctionne par niveaux trophiques qui ne cessent de s'adapter dans un espace et un temps long, la variabilité est progressive et donc les risques qui en émanent sont aujourd'hui connus et plus facilement gérables. Or, ce qui fait que cette variabilité est aujourd'hui en train de devenir un risque en matière de santé mondiale, c'est le fait qu'elle est sans cesse accrue par la crise écologique. En effet, les déséquilibres causés par les actions anthropiques sont la cause majeure d'une variabilité à la fois plus grande mais aussi plus rapide des écosystèmes. Grâce aux recherches menées par l'écologie scientifique, on sait désormais quelles sont les causes de cette fragilisation, assimilée à l'intensité, l'amplitude et la rapidité de la domination de notre espèce sur les écosystèmes[15]. Pourtant, l'identification de ces phénomènes n'est pas suffisante pour anticiper des risques en matière de santé, il faut aller plus loin. Dans son ouvrage *Nature en crise*, le biologiste de la conservation Vincent Devictor écrit :

> Il s'agit pour les écologues et les biologistes de la conservation de pouvoir prédire, expliquer 'biologiquement' ce qui entraine la disparition locale d'une composante de la diversité[16].

L'idée est donc d'essayer d'objectiver factuellement ces processus de variabilité et d'érosion écologiques, en dépit de la complexité de saisir un élément changeant. Pour pallier ce problème, certains chercheurs ont tenté d'apposer des formules pour interpréter les phénomènes écosystémiques. Parmi ces formules on peut citer la loi aire-espèces de l'écologue Edward Wilson, qui tente en 1985 de prendre en compte le taux global d'extinction en fonction de la répartition des espèces sur un territoire donné, dépendant de sa superficie. Wilson se rend compte que certaines zones sont de véritables concentrés de

[15] P.M. Vitousek, H.A. Mooney, J. Lubchenco et J.M. Melillo « Human Domination of Earth's Ecosystems », *Science*, vol.277, 1997, p. 494-499.

[16] V. Devictor, *Nature en crise*, Paris, Seuil, p. 42.

diversité d'espèces caractéristiques d'un écosystème particulier. Une attention sera alors portée sur ces *hots spots* de biodiversité, définis comme des zones qui sont à la fois des concentrations d'espèces endémiques et des zones qui sont menacées par des destructions rapides d'habitats. Finalement, ces *hots spots* sont le reflet d'un déséquilibre trop violent qui bouleverse la variabilité écosystémique « saine ». Ils regorgent à la fois de zones de vulnérabilités écosystémiques, mais aussi de réservoirs de pathogènes, laissant à penser que c'est la chute de la biodiversité qui peut être à l'origine de l'augmentation de maladies émergentes. Mais comment expliquer cela, et surtout quelles méthodes d'expérimentation pourrions-nous mettre en place pour amoindrir les déséquilibres écosystémiques et donc les risques ?

À l'échelle du globe, le nombre d'épidémies est plus important dans les zones où un grand nombre d'espèces sont en danger. Cette tendance s'explique en expérimentant les relations hôtes-agents[17] en prenant en compte leurs modes de transmissions dans l'écosystème. On se rend compte que le risque est accru si l'abondance de l'hôte ou du vecteur est modifié : dans certains cas, une plus grande diversité d'hôtes peut augmenter la transmission des agents, et donc accroître l'espace qu'occupe la pathologie. Ensuite, il faut noter que nos actions anthropiques tendent à modifier à la fois le comportement des espèces animales, et donc la relation hôte-agent, tout en modifiant également les conditions de vie de ces derniers, rabattant les cartes de l'espace qu'occupent les foyers épidémiques. Aussi, l'essor des maladies infectieuses est avant tout une réponse à la façon dont le vivant occupe les écosystèmes, et c'est en expérimentant ces milieux par une reconfiguration du corps écosystémique que l'on peut envisager des remèdes. Dans certaines zones à forts contacts interspécifiques comme c'est le cas de l'Afrique de l'Ouest, des aires protégées sont mises en place. Leur double fonction de dilution des risques associés aux zoonoses et de tampons entre les humains et les autres espèces animales présentent une portée heuristique en matière de soin. De plus, ces aires protégées permettent de préserver des espèces animales, tout en reproduisant des écosystèmes dynamiques sur lesquels peuvent s'appuyer une expérimentation animale grandeur nature, à la fois plus

---

[17] R. Gozlan et S. Jagadesh, « Comment les changements environnementaux font émerger de nouvelles maladies », *The Conversation*, 2020.

représentative de ce qui se joue en matière de transmission que dans un laboratoire, tout en étant plus accessible pour les chercheurs qu'un écosystème entier à décrypter. Le rôle de ces aires se joue donc dans la prévention, la détection, la réponse et le rétablissement face aux maladies, à la fois pour réduire les risques de propagation et pour se préparer efficacement aux crises sanitaires[18].

Un dernier point à aborder dans cette adaptation de l'expérimentation animale au milieu écosystémique est l'approche que propose l'écotoxicologie. Il s'agit de l'étude des conséquences écologiques de la pollution de l'environnement par les substances toxiques. Parmi les nombreuses approches de cette discipline, on peut définir celle du *monitoring*, destinée à évaluer l'importance des effets toxicologiques des polluants dans l'environnement. Le *monitoring* se focalise alors particulièrement autour de la notion de biomarqueurs, permettant de mettre en évidence dans chaque écosystème un ensemble d'espèces sentinelles qui attestent de l'effet toxicologique de polluants. Le *monitoring*, fondé sur l'usage de bio-indicateurs, correspond au recours à des critères de présence/absence chez des espèces animales de référence. Cela permet d'établir l'état d'une biocénose et du degré d'altérations éventuelles produites par un polluant. Cette expérimentation animale conçoit donc certaines espèces comme des bio-indicateurs dont les tests révèlent s'ils sont des bio-indicateurs négatifs ou positifs de pollution. Si les bio-indicateurs sont négatifs, cela veut dire qu'il s'agit d'espèces pollutolérantes dont l'abondance augmente quand la contamination à un polluant s'accroit car elles tirent profit de la diminution voire de l'absence de compétition interspécifique avec les populations qui elles, sont des biomarqueurs positifs qui réagissent au polluant et sont donc pollusensibles. Ainsi, l'écotoxicologie illustre parfaitement l'ouverture de l'expérimentation animale au champ de l'écosystème, et permet non seulement de rendre compte de la présence de polluants et de convertir ces risques pour protéger l'humain, mais donne également des indications sur la prise de

[18] Dossier « Des personnes et une vie sauvage en bonne santé à travers la protection de la nature », EcoHealth Alliance, UICN, 2022.

l'espace par une espèce spécifique en fonction de sa sensibilité aux substances présentes dans l'environnement[19].

CONCLUSION

La pratique de l'expérimentation animale depuis l'Antiquité est incontestablement l'une des pierres angulaires qui a permis à la médecine d'accéder aux clés de compréhension des mécanismes du corps vivant pour soigner les humains. Véritable bouleversement de l'échelle de la raison, la possibilité d'observer le corps de l'intérieur pour en saisir la structure interne tout en ayant la possibilité de créer des conditions spécifiques dans le milieu clos du laboratoire n'a certainement pas dit son dernier mot sur le plan de la recherche scientifique et médicale actuelle. Cependant, notre contexte de santé du XXI^e^ siècle nous confronte à « une épidémie d'épidémies[20] » d'une toute nouvelle envergure en matière de maladies émergentes, tant par leur diversité que par leur intensité. Aussi, c'est en réponse à ce contexte, que nous avons retracé dans cet article, les possibilités qui pouvaient s'ouvrir à une reconnexion entre l'expérimentation animale telle qu'on la connait en laboratoire, et l'écosystème vivant, véritable cœur des dynamiques qui se jouent en termes de transmissions zoonotiques. En expérimentant de manière globale ce qui se joue à toutes les échelles qui composent un écosystème, on peut concevoir une expérimentation en dehors du laboratoire tout en ayant la possibilité d'amoindrir la contrainte de variabilité d'un écosystème, en travaillant à échelle réduite sur une aire protégée par exemple, tout en ayant les interconnexions que les murs du laboratoire ne permettent pas. Et, si la recherche en matière de santé et d'expérimentation des écosystèmes manque encore d'approfondissements scientifiques, les approches déjà existantes prouvent déjà qu'il est possible de diversifier et de renforcer l'expérimentation animale en faisant du monde vivant un laboratoire à ciel ouvert, qui, connecté aux connaissances théoriques, permet de préciser les mécanismes de développement d'une maladie infectieuse. En expérimentant l'écosystème sous le prisme d'une communauté

---

[19] On peut prendre l'exemple du projet ECONECT qui regroupe six laboratoires et trois entreprises en France en 2020 dans le but d'étudier la réponse d'espèces animales dites sentinelles aux différents stress environnementaux et de pollution, en utilisant notamment des écomarqueurs.

[20] S. Morand, *L'homme, la faune sauvage et la peste*, Paris, Fayard, 2020, p. 71.

d'agents et de relations, chaque partie du vivant devient un biomarqueur qui donne des indications sur l'état de cet écosystème, mais aussi sur les conditions de santé des humains. Finalement, les approches telles que *One Health* ou celle développée par l'écotoxicologie sont autant de moyens de diversifier les méthodes et les acteurs de cette expérimentation, permettant par la même occasion d'augmenter les thérapeutiques qui peuvent être mises en place. Surtout, on constate que les études pluridisciplinaires en matière de santé et d'écologie permettent de continuer à montrer les liens indicibles qui s'établissent entre la santé et l'environnement, ce qui dessine au fur et à mesure des axes de recherches pour renforcer les écosystèmes, dont l'expérimentation ainsi que la préservation tend à devenir un garant de notre santé.

*Bull. Hist. Épistém. Sci. Vie*, 2025, *32*, (2), 175-196

# Les dilemmes de la parole publique des scientifiques sur la recherche fondamentale chez le primate non humain

Nicolas Brard*

RÉSUMÉ. Cet article examine certains enjeux de communication liés à la recherche fondamentale en neurosciences cognitives sur le primate non humain, dans un contexte de forte controverse. À partir d'entretiens menés avec onze chercheurs et chercheuses en France, il met en lumière les tensions vécues par ces acteurs quant à la visibilité de leur recherche et face aux contraintes institutionnelles et médiatiques. Il interroge les pratiques de communication, leurs objectifs et leurs limites, et appelle à une réflexion collective sur la manière d'accompagner ces recherches dans l'espace public, en tenant compte des attentes, représentations et sensibilités du public.

***

ABSTRACT. This article examines certain goals of communication related to fundamental research in cognitive neurosciences on non-human primates, in the context of considerable controversy. Following interviews carried out with eleven researchers in France, it highlights the tensions they experience in regards to the visibility of their research, while faced with institutional and media constraints. It questions communication practices, its objectives and limits, and calls for collective reflection on how we expose this research to the public, taking into account the audience's expectations, representations and susceptibility.

***

* UR PRIM, Université de Tours, nicolas.brard@univ-tours.fr.

## INTRODUCTION

« Chercher sans soigner » : si cette expression semble aller de soi dans de nombreux domaines scientifiques, elle soulève des interrogations bien plus sensibles dès lors que l'on entre dans le champ des sciences de la vie – et plus encore lorsqu'il s'agit de recherches impliquant des animaux. Dans ce contexte, plusieurs enjeux éthiques et scientifiques se posent avec acuité : le nombre d'animaux utilisés, la justification de leur mobilisation, les conditions d'expérimentation et, en particulier, la garantie de leur bien-être. Ces préoccupations sont au cœur des nombreuses réglementations mises en place au cours des deux dernières décennies, incarnées notamment par le renforcement du principe des « 3 R » – Réduire, Remplacer, Raffiner –, formulé dès 1959 par William Russell et Rex Burch[1], et qui fait, aujourd'hui, l'objet de nouveaux développements[2]. Le sujet engage également une réflexion plus large sur notre rapport aux animaux et au vivant en général, à l'usage que nous en faisons et ses conséquences potentiellement néfastes.

Ces problématiques se posent avec une intensité particulière lorsque l'animal en question est phylogénétiquement proche de l'humain. Les primates non humains, tels que le macaque ou le saïmiri, font à ce titre l'objet d'une attention spécifique et d'une réglementation renforcée. Dès la directive 2010/63/UE de la Commission européenne, actualisée en 2017, un encadrement strict de leur utilisation a été mis en place, visant à limiter leur emploi et à renforcer les conditions expérimentales dans lesquelles ils peuvent être impliqués.[3]

---

[1] W.M.S. Russell, R.L. Burch, *The Principles of Humane Experimental Technique*, 1959, 238 p.

[2] D'autres R sont aujourd'hui ajoutés ou proposés, bien qu'encore non présents dans le cadre réglementaire. Par exemple, le Replacer/Retraite, qui encourage à réfléchir à la vie des animaux de laboratoire après les expérimentations. Voir notamment D. Strech et D. Ulrich, « 3Rs missing: animal research without scientific value is unethical. » *BMJ open science*, vol. 3 no 1, 4 Jul. 2019.

[3] Ch. Joubert, « La Directive 2010/63/UE – un tournant pour la primatologie ? », *Revue de primatologie*, n° 3, 15 octobre 2011 [en ligne], consulté le 24 juin 2025 ; (Scientific Committee on Health SCHEER Environmental and Emerging Risks), « Final Opinion on 'The need for non human primates in biomedical research, production and testing of products and devices (update 2017)' », 18 mai 2017.

Deux enquêtes d'opinion réalisées par l'organisme IPSOS en 2023, l'un pour l'association de protection animale *OneVoice* et l'autre pour le GIRCOR, le Groupe Interprofessionnel de Réflexion sur la Communication en Recherche, permettent de mieux cerner l'attitude des Français vis-à-vis de l'expérimentation animale. Le premier[4] souligne que 74 % y sont défavorables, et 65 % souhaitent son interdiction totale, y compris pour le développement de médicaments. Sur le cas particulier des primates non humains, 81 % des répondants se prononcent pour l'interdiction de leur utilisation, juste derrière les chiens, les chats et les chevaux. Enfin, 80 % des personnes interrogées se déclarent favorables à la fermeture des élevages de primates en France.

De son côté, l'enquête réalisée pour le GIRCOR[5] se veut plus nuancée, tout en soulignant l'attitude globalement négative des Français vis-à-vis de l'expérimentation animale. Surtout, elle met en lumière un déficit d'information perçu par le public : selon les questions abordées, 62 à 80 % des répondants estiment mal connaître les modalités et les conditions d'utilisation des animaux à des fins scientifiques, et 69 % estiment qu'ils manquent d'informations sur le sujet. Ce déficit de connaissance affecte aussi la confiance dans les acteurs de la recherche. Si les vétérinaires et les associations de protection animale recueillent les niveaux de confiance les plus élevés, devant les chercheurs et organismes publics. Environ 50 % des répondants font confiance à ces derniers pour respecter la réglementation, limiter les expériences animales et informer le public sur les apports de la recherche — un chiffre certes en hausse par rapport aux enquêtes de 2015 et 2021, mais qui reste modéré. Enfin, l'étude réalisée pour le GIRCOR confirme la sensibilité particulière attachée aux primates non humains, 57 % des répondants jugent inacceptable leur utilisation en recherche. Parmi les 43 % qui l'acceptent, 27 % la justifient par les progrès attendus pour la santé humaine. Ce lien toujours fort entre l'acceptabilité de l'expérimentation animale et la

---

4 IPSOS (2023), Les Français et l'expérimentation animale, 18 avril 2023 [en ligne], consulté le 8 mai 2025, https://www.ipsos.com/fr-fr/74-des-francais-sont-defavorables-lexperimentation-animale.

5 GIRCOR (2023), « Sondage IPSOS : Les Français et la recherche animale », 30 novembre 2023 [en ligne], consulté le 8 mai 2025, https://www.gircor.fr/sondage-ipsos-les-francais-et-la-recherche-animale/.

finalité médicale traverse l'ensemble de l'enquête et souligne, une fois de plus, l'idée toujours forte d'une justification au nom de la santé humaine.

L'ensemble des données évoquées met en lumière plusieurs lignes de tension autour de l'acceptation de la recherche impliquant des primates non humains, notamment en ce qui concerne la distinction entre recherche fondamentale et recherche à visée thérapeutique, ainsi que les enjeux liés à l'information et à la communication dans ce domaine. Le présent article entend explorer ces questions en s'intéressant spécifiquement au recours aux primates non humains dans le cadre de recherches fondamentales en neurosciences cognitives, en croisant deux perspectives : son acceptation par le public, et sa communication.

L'analyse s'appuie sur une série d'entretiens semi-directifs menés auprès de onze chercheurs et chercheuses impliqués dans des travaux de recherche fondamentale sur les primates non humains, répartis au sein des principaux centres de recherche français concernés. Ces entretiens ont porté à la fois sur leur parcours scientifique, leurs objets d'étude et leur rapport aux animaux, mais aussi sur leurs pratiques de communication – entre pairs et auprès de publics non spécialistes –, et leurs interactions avec les organismes publics de recherche.

Nous reviendrons d'abord sur les éléments qui façonnent l'acceptation sociale de l'expérimentation animale, en interrogeant notamment le rôle que peuvent jouer les chercheurs eux-mêmes. Nous détaillerons ensuite les enjeux spécifiques de la communication en recherche fondamentale. Enfin, nous nous intéresserons à la manière dont les chercheurs négocient leur positionnement dans un contexte de tensions éthiques, scientifiques et communicationnelles.

## 1. La recherche chez l'animal : l'enjeu d'une acceptation publique

### *1.1. Des animaux plus égaux que d'autres*

L'acceptation de l'expérimentation animale varie fortement selon l'espèce concernée, révélant une hiérarchisation implicite des animaux en fonction de leur proximité perçue avec l'humain. C'est ce que souligne le titre de l'article d'Alexander Bradley en 2020[6] — *Some animals are more equal than others* — qui met en évidence que les espèces les plus éloignées de l'humain sur les plans phylogénétique, affectif ou cognitif, comme les rongeurs, les poissons ou les insectes, sont bien plus acceptées à des fins expérimentales que les animaux considérés comme « proches », tels que singes, chiens, chats, lapins. Cette perception, loin d'être anodine, structure les débats éthiques autour de l'expérimentation, en instaurant une forme de seuil moral variable selon l'espèce. L'attitude vis-à-vis de l'utilisation des animaux se structure aussi autour de catégories d'usage : les animaux de compagnie, les « nuisibles » (insectes, rats, etc.), ou encore le bétail, servant principalement à l'alimentation[7]. Les facteurs guidant cette hiérarchisation sont nombreux : la familiarité avec l'espèce, son attractivité perçue, ou encore la valeur symbolique attribuée à l'animal selon les individus.

Parmi les concepts qui permettent de mieux comprendre ces attitudes, celui de *Belief in Animals mind* (BAM) – la « croyance dans l'esprit des animaux » –, s'est imposé comme un facteur prédictif puissant de l'attitude envers les animaux[8]. Ainsi, plus un individu attribue aux animaux une forme de conscience ou des états mentaux subjectifs, cognitifs ou émotionnels par exemple, plus son soutien à

---

[6] A. Bradley *et al.*, « Some Animals Are More Equal than Others: Validation of a New Scale to Measure How Attitudes to Animals Depend on Species and Human Purpose of Use », *PLOS ONE* 15, n° 1, 2020.

[7] S. Marriott, H. J. Cassaday, « Attitudes to Animal Use of Named Species for Different Purposes: Effects of Speciesism, Individualising Morality, Likeability and Demographic Factors », *Humanities and Social Sciences Communications* 9, n° 1, 2022, p. 5-6.

[8] S. Knight *et al.*, « Attitudes towards animal use and belief in animal mind », *Anthrozoös* 17, n° 1, 2004, p. 43-62.

l'utilisation des animaux diminue[9]. Ce critère varie selon le type de personne auxquelles on s'adresse. Les chercheurs tendent à avoir une vision plus modérée en matière de BAM et de sentience, que les militants de la cause animale ou que le public non professionnel de la science[10], influençant leur attitude vis-à-vis de l'expérimentation animale.

Paradoxalement, la recherche fondamentale, en contribuant à documenter les capacités cognitives des animaux, alimente aussi la remise en cause de sa propre légitimité. Par exemple, les travaux recensés par Lalot, Nurock et Bovet (2015) montrent que certains animaux – notamment les primates – manifestent des comportements relevant de l'empathie, de la coopération, voire d'un sens de l'injustice[11]. C'est là toute l'ambivalence d'un champ scientifique qui, en révélant la richesse mentale des espèces qu'il étudie, renforce les arguments éthiques qui pourraient s'opposer à sa poursuite. Autrement dit, plus la science met en lumière la complexité cognitive des animaux, plus elle devient vulnérable aux critiques portant sur leur usage.

### *1.2. Des usages plus acceptés que d'autres ?*

À l'instar des espèces, toutes les finalités attribuées à l'expérimentation animale ne suscitent pas le même niveau d'acceptation morale. La recherche scientifique bénéficie d'un soutien nettement plus élevé que d'autres usages. Cette hiérarchie s'observe de manière constante, quelle que soit l'espèce animale concernée : plus la finalité est perçue comme directement bénéfique à l'humain – et notamment à sa santé –, plus l'utilisation des animaux apparaît acceptable. En revanche, la distinction entre recherche médicale et fondamentale est moins claire dans les enquêtes récentes. Si les deux catégories figurent dans les questionnaires de référence quant au soutien

---

[9] M. J. Higgs, S. Bipin, H. J. Cassaday, « Man's Best Friends: Attitudes towards the Use of Different Kinds of Animal Depend on Belief in Different Species' Mental Capacities and Purpose of Use », *Royal Society Open Science* 7, nº 2, 2020, p; 13.

[10] S. Knight *et al.*, « Science versus Human Welfare? Understanding Attitudes toward Animal Use », *Journal of Social Issues* 65, nº 3, 2009, p. 473.

[11] M. Lalot, V. Nurock, D. Bovet, « L'éthique animale au croisement des perspectives de recherche entre éthologie et philosophie », *Histoire de la recherche contemporaine. La revue du Comité pour l'histoire du CNRS*, Tome IV, n°1, 2015), p. 44-49.

à l'utilisation des animaux, comme l'*Animal Purpose Questionnaire*[12], des différences significatives entre ces deux types de recherche n'ont pas été mises au jour[13]. Pour autant, d'autres études ont montré qu'à l'intérieur même de ces groupes, une segmentation existait. Au sein de la recherche médicale, l'acceptation de l'usage des animaux varie notamment selon la pathologie concernée[14]. Les troubles perçus comme « contrôlables » ou « blâmables », tels que l'obésité ou les toxicomanies, bénéficient d'un soutien moindre par rapport à d'autres pathologies. L'étude de Cassaday et *al.* (2022) montre également que la nature physique de la pathologie influence le jugement quant à l'usage des animaux en recherche, et que les troubles physiques possèdent une acceptation supérieure aux troubles psychiques. Une telle segmentation n'a, à notre connaissance, pas été prise en compte dans l'étude dans le cas de la recherche fondamentale.

Ainsi, bien que les enquêtes récentes ne semblent pas établir de distinction entre recherche fondamentale et recherche médicale, l'existence d'une distinction aussi fine dans le cas de la recherche médicale pousse à se pencher davantage sur l'acceptabilité de la recherche fondamentale en matière d'expérimentation animale, qui plus est lorsqu'elle concerne le primate non humain qui, comme nous l'avons vu, soulève un fort rejet, quel que soit son usage. De plus, comme nous allons le voir à présent, il apparaît inévitable d'interroger la communication qui est faite sur le sujet de l'expérimentation animale, pour ce qu'elle change de l'acceptation publique du sujet. Dans ce cadre, les différences opérées entre ce qui serait considéré comme de la recherche fondamentale, clinique ou encore translationnelle, méritent d'être de nouveau explorées.

### *1.3. De l'importance de la communication*

Le rôle de la communication dans l'acceptation de l'expérimentation animale a fait l'objet de plusieurs recherches récentes. La transparence institutionnelle apparaît comme un levier déterminant. Mills et *al.* (2018) montrent que des pratiques

---

[12] Higgs *et al.*, « Man's Best Friends », *art. cit*, p. 7.

[13] Bradley *et al.*, « Some Animals Are More Equal than Others », *art. cit.*, p. 16.

[14] H. J. Cassaday *et al.*, « Attitudes to the Use of Animals in Biomedical Research: Effects of Stigma and Selected Research Project Summaries », *PLOS ONE* 18, n° 8, 2023, p. 15-16.

transparentes, telles que l'accès public aux installations, la clarté des objectifs de recherche, ou la possibilité de dialogue avec les techniciens animaliers, favorisent significativement le soutien du public. Ces interactions permettent non seulement de renforcer la confiance, mais aussi de changer le regard porté sur les professionnels de l'expérimentation animale : ces derniers étant alors perçus comme plus chaleureux et compétents. En retour, le soutien à la recherche s'en trouve accru[15]. Dans le contexte de la recherche chez le primate non humain, des initiatives structurantes comme le *Concordat on Openness on Animal Research* au Royaume-Uni (2014) ont formalisé cette exigence d'ouverture, en instaurant des engagements précis de communication proactive auprès du public et des médias[16]. En France, une charte de transparence proposée par le GIRCOR a également été signée par de nombreux acteurs de la recherche scientifique[17]. Il est important ici d'interroger le contexte géographique. L'attitude vis-à-vis de l'expérimentation animale varie largement entre les pays européens, en fonction du rôle culturel de l'espèce[18] par exemple, mais aussi du PIB par habitant et des perceptions du pays comme industrialisé ou post-industrialisé[19]. Les pays les plus industrialisés développent ainsi des attentes éthiques plus strictes vis-à-vis de la recherche scientifique impliquant des animaux.

En matière de communication, ce sont aussi les connaissances des publics sur lesquelles il est intéressant de se pencher. Nous l'avons vu dans le sondage du GIRCOR, le public s'estime mal informé ou peu connaisseur du sujet de l'expérimentation animale. Des résultats contradictoires apparaissent selon les études, certaines montrant que les savoirs scientifiques des publics, ou leur manque de connaissances, ne jouent pas de rôle significatif dans l'acceptation de l'expérimentation

---

[15] K. E. Mills *et al.*, « Institutional Transparency Improves Public Perception of Lab Animal Technicians and Support for Animal Research », *PLOS ONE* 13, n° 2, 2018, p. 9-10.

[16] A. S. Mitchell *et al.*, « International primate neuroscience research regulation, public engagement and transparency opportunities », *NeuroImage,* 229, avr. 2021, p. 7.

[17] « Charte de transparence », *Gircor*, s. d., consulté le 24 juin 2025. https://www.gircor.fr/charte-de-transparence/.

[18] Bradley *et al.*, « Some Animals Are More Equal than Others », *art. cit.* p. 13.

[19] F. Crettaz von Roten, « Public Perceptions of Animal Experimentation across Europe », *Public Understanding of Science* 22, n° 6, 2013, p. 698.

animale[20], quand d'autres montrent l'inverse. L'étude de Mendez et *al.* (2022), à propos du recours aux primates non humains pour la recherche en neuroscience, a ainsi mis en évidence que la transparence et l'explication claire des raisons et conditions de la recherche chez l'animal lors d'opérations de vulgarisation scientifique, augmentaient la compréhension et le soutien du public[21].

Ainsi, la communication n'est pas simplement un vecteur d'information, mais une stratégie d'acceptabilité sociale, dont l'efficacité repose sur la prise en compte des perceptions différenciées du public. Pour la recherche fondamentale, ce sont de nouveaux défis qui émergent alors, en lien avec les spécificités communicationnelles de ce champ.

## 2. La recherche fondamentale, au carrefour de tensions

### *2.1. Les spécificités de la recherche fondamentale*

Communiquer sur la recherche fondamentale pose des défis spécifiques, qui font l'objet d'un intérêt croissant dans les travaux en communication scientifique. Ce type de recherche, aussi qualifié de *discovery science*, se distingue en effet par sa finalité : produire des connaissances nouvelles sans viser, du moins de manière immédiate, une application pratique dans les domaines de la santé, de l'industrie ou du quotidien. Cette spécificité n'est pas sans conséquences sur les attentes perçues du public en matière de communication, les objectifs des scientifiques qui s'investissent publiquement ou encore la réception de cette recherche, dans sa prise en compte par les médias et par les publics non professionnels de la science.

La distinction entre recherche fondamentale et recherche appliquée, bien que débattue, demeure pertinente pour analyser les représentations de la science dans l'espace public. Développée depuis le XIX^e siècle, elle a connu différents développements depuis. Zhang *et al.* (2024) rappellent notamment la proposition de l'ingénieur américain Vannevar Bush en 1945 d'une recherche fondamentale « sans objectifs pratiques

---

[20] Cassaday *et al.*, « Attitudes to the Use of Animals in Biomedical Research », *art. cit.* p. 17.

[21] J. C. Mendez *et al.*, « Openness about Animal Research Increases Public Support », *Nature Neuroscience* 25, n° 4, 2022, p. 401-403.

en tête » qui apporterait « une connaissance générale et une compréhension de la nature et de ses lois »[22]. Plus récemment, Donald Stokes a développé une classification de la recherche selon un quadrant, qu'il nomme *Pasteur's cadrant*, illustré par les travaux de scientifiques de renom. Les travaux de Niels Bohr en mécanique quantique représentent ainsi la recherche fondamentale pure ; ceux de Pasteur en microbiologie ayant conduit aux vaccins, une recherche fondamentale inspirée par un usage ; et ceux de Thomas Edison sur l'ampoule électrique comme une pure recherche appliquée. Le quatrième quadrant reste lui indéfini, comme un état intermédiaire pouvant contribuer aux trois autres[23].

Ce positionnement intellectuel a des implications directes pour la communication scientifique, aussi bien en termes de messages, que d'audiences et d'objectifs. Comme le souligne Besley et *al.* (2024), la communication de la recherche fondamentale vise moins à convaincre d'une utilité immédiate qu'à faire ressentir une émotion, à susciter l'intérêt pour les processus eux-mêmes de la science, et à légitimer une production de savoirs à long terme[24].

Pour autant, cette démarche entre en tension avec des attentes plus utilitaristes de certains publics, conduisant parfois à la nécessité de mettre en avant la pertinence d'une telle recherche, l'importance de son financement, dans le potentiel qu'elle représente aussi pour de futures applications. Pour Zhang et *al.*, la recherche fondamentale se heurte ici à un double paradoxe : d'un côté, elle est perçue comme éloignée des préoccupations sociales immédiates, et peine donc à mobiliser l'intérêt médiatique ; de l'autre, elle est pourtant la source indispensable pour la recherche appliquée, et donc des innovations futures[25].

---

[22] J. Zhang *et al.*, « The Coverage of Basic and Applied Research in Press Releases on EurekAlert! », *Journal of Science Communication* 23, n° 7, 2024, A01, p. 3.

[23] R. I. Pettigrew, J. P. Cooke, « At the nexus of science, engineering, and medicine: Pasteur's quadrant reconsidered », *PNAS Nexus* 1, n° 3, 2022, p. 2.

[24] J. C. Besley *et al.*, « The Challenge of Identifying Behavioral Goals for Communication in the Context of Basic Science », *Journal of Science Communication* 23, n° 7, 2024, Y02, p. 5.

[25] Zhang *et al.*, « The Coverage of Basic and Applied Research in Press Releases on EurekAlert! », *art. cit.*, p. 17-18.

### 2.2 *Les dilemmes de la communication des recherches fondamentales*

La communication en science fondamentale ou appliquée repose sur des objectifs différenciés qui traduisent des positionnements distincts dans l'écosystème scientifique et la société.

Cette différenciation se manifeste d'abord par la nature des publics ciblés. Selon que les scientifiques s'adressent, à des décideurs politiques, à des associations, à des journalistes ou à un public curieux, mais non spécialiste, les chercheurs doivent adapter leurs messages, les formats mobilisés, ainsi que le degré de coordination avec les communicants ou les institutions qui les accompagnent.

Mais ces différences relèvent aussi d'un second facteur central : les raisons sous-jacentes à l'engagement du chercheur. Pourquoi un scientifique s'investit-il dans des actions de communication publique et avec quels enjeux à l'esprit ? Des données spécifiques sur les facteurs de l'engagement des chercheurs fondamentaux manquent aujourd'hui[26], mais il apparaît que ces derniers peinent davantage à faire reconnaître leurs efforts de médiation du point de vue académique que les chercheurs en sciences appliquées, dont la communication est plus aisément valorisée, car elle améliore souvent la visibilité et l'impact des recherches en cours et de l'institution qui les héberge[27].

L'étape suivante, une fois que les chercheurs ont pris la décision de participer à ces actions de communication publique, est de s'interroger sur ce qu'ils veulent en faire. Besley et *al.* (2024) postulent que les chercheurs engagés dans la recherche fondamentale éprouvent plus de difficultés que les scientifiques en recherche appliquée à identifier des objectifs comportementaux adaptés à des audiences spécifiques. Sur la base d'enquêtes menées aux États-Unis, les auteurs montrent que les premiers cherchent davantage à inspirer une attitude positive à l'égard de la science, en particulier auprès des jeunes publics, tandis que les

---

[26] T. P. Newman *et al.*, *Assessing the Scholarship of Public Engagement with Basic Science* (Report for The Kavli Foundation as part of the Science Public Engagement Partnership, 2021). Cité par Zhang *et al.*, « The Coverage of Basic and Applied Research in Press Releases on EurekAlert! », p. 4.

[27] K. M. Rose, E. M. Markowitz, D. Brossard, « Scientists' incentives and attitudes toward public communication », *Proceedings of the National Academy of Sciences* 117, nº 3, 2020, p. 1274-76.

seconds visent des objectifs plus concrets, comme la mise en avant des bénéfices de la recherche pour la vie quotidienne, vers des publics non scientifiques. Cette différence se traduit par des approches de communication plus générales, parfois peu ancrées dans les réalités du sujet présenté, et par un manque de ciblage stratégique des messages[28].

Enfin, indépendamment de ces différences structurelles, la question des formats et de la lisibilité des messages scientifiques reste un facteur clé pour l'engagement du public. L'étude de Zhang et *al.* (2024) met en lumière une difficulté persistante : les communiqués de presse et les articles vulgarisés issus de la recherche fondamentale tendent à afficher des niveaux de lisibilité plus faibles que ceux issus de recherches appliquées[29]. Comme le soulignent Sawyer et Smith (2024), l'accessibilité ne se limite pas à la forme linguistique, mais concerne aussi la pertinence perçue : rendre une recherche fondamentale « pertinente » du point de vue de la communication ne signifie pas la traduire en promesses d'applications potentielles, mais tisser des liens avec les intérêts, les représentations et les identités des publics concernés[30].

Dans le contexte de l'expérimentation animale, le défi est grand, en particulier du fait des affects en présence et des expériences individuelles vis-à-vis des animaux considérés. Les formats traditionnels, communiqué de presse ou article de vulgarisation, souvent privilégiés par les organismes de recherche, se révèlent parfois mal adaptés aux sensibilités en jeu, ou trop génériques pour refléter la complexité du sujet. Les chercheurs eux-mêmes peinent parfois à se les approprier. Ainsi, les formats doivent être pensés de façon stratégique pour s'assurer de leur efficacité par rapport au public cible, mais aussi être suffisamment clairs pour le chercheur impliqué afin qu'il puisse lui-même s'en saisir et se faire le meilleur pourvoyeur de son message.

---

[28] Besley *et al.*, « The Challenge of Identifying Behavioral Goals for Communication in the Context of Basic Science », *art. cit.* p. 5-6.

[29] Zhang *et al.*, « The Coverage of Basic and Applied Research in Press Releases on EurekAlert! », *art. cit.* p.18.

[30] K. Sawyer, B. Smith, « Communication and Engagement for Basic Science: Insights and Practical Considerations », *Journal of Science Communication* 23, n° 7, 2024, Y01, p. 2.

## 3. Communiquer la recherche fondamentale sur le primate non humain : entre exposition et contraintes

Nous l'avons vu, de nombreux facteurs entrent en jeu dans l'acceptation publique de l'expérimentation animale, parmi lesquels l'espèce concernée et la finalité de la recherche, principalement clinique, jouent un rôle clé. Ainsi, la recherche fondamentale chez le primate non humain représente une forme de cas limite pour comprendre les problématiques de communication possiblement rencontrées par les chercheurs et chercheuses concernés. Les entretiens réalisés avec ces derniers, qui se spécialisent dans la présente étude en neurosciences cognitives, c'est-à-dire la compréhension des fonctions cérébrales et leur impact sur le comportement, révèlent plusieurs enjeux et un vécu particulier autour de la communication. Dans cette dernière partie, nous proposons d'interroger le vécu du groupe de chercheurs et chercheuses que nous avons pu interroger sur leurs pratiques de communication et leur positionnement institutionnel, mis en perspective de la littérature développée dans les deux premières parties. Nous cherchons ici à explorer leur vécu et leur ressenti de la situation et à relever les stratégies mises en place par les répondants.

### *3.1. Une communication dans un climat de tension*

Si la recherche fondamentale chez le primate non humain représente déjà plusieurs défis dans la défense de sa légitimité, elle se trouve d'autant plus fragilisée dans un climat global marqué par une méfiance croissante envers l'expérimentation animale. Les chercheurs interrogés expriment une inquiétude croissante face à une dynamique de restriction, perçue comme imminente en France, à l'image de ce qui se produit dans d'autres pays européens.

Dans ce contexte, les objectifs et les destinataires de la communication évoluent. Il ne s'agit plus seulement de partager des connaissances avec le public, de susciter l'émerveillement face à la science ou d'encourager les vocations — objectifs que se fixent souvent les chercheurs engagés dans la recherche fondamentale — mais aussi de répondre à une nécessité plus pressante : justifier l'existence même de cette recherche. Cette posture n'empêche pas les chercheurs de souligner l'intérêt manifeste du public pour la compréhension du cerveau, notamment lors de leurs expériences de vulgarisation scientifique.

Plusieurs répondants évoquent ainsi la situation en Suisse, où la recherche sur le primate a été progressivement réduite à peau de chagrin : « En Suisse, il y avait déjà eu des alertes du point de vue de l'opinion, dès 2005-2007 », rapporte une chercheuse, « des labos qui avaient été… un chercheur qui avait été poussé à arrêter et l'autre qui était parti en Allemagne », explique une chargée de recherche[31].

Le Royaume-Uni constitue un autre point de référence critique. L'un des répondants rappelle le durcissement spectaculaire qu'a connu le pays dans les années 2000, marqué notamment par les actions violentes de groupes antivivisectionnistes. Ce contexte a conduit à un retrait progressif de la recherche sur les primates, avec pour conséquence son déplacement vers d'autres pays où les réglementations en vigueur exercent moins de contraintes sur les scientifiques. Un chercheur précise :

> Aujourd'hui, il y a beaucoup moins de recherche chez les primates non humains en Angleterre qu'il y a 10 ou 20 ans. Mais ça ne veut pas dire que cette recherche ne se fait plus, elle se fait ailleurs — dans des conditions beaucoup moins claires[32].

La conduite de la recherche dans ces pays tiers, comme l'île Maurice ou la Chine, suscite la colère des chercheuses et des chercheurs. L'une d'entre elles souligne l'hypocrisie de la situation :

> C'est une espèce de double discours, on se dit 'il en faut, mais pas chez nous'[33].

La multiplication des contraintes réglementaires est également ressentie comme un signe d'alerte chez ces mêmes répondants. « Je vois arriver des demandes de changer nos pratiques qui commencent à être limitantes dans la façon de faire de la recherche[34] », explique le chercheur.

---

[31] Entretien n°9 – 2 avril 2024.
[32] Entretien n°1– 20 février 2024.
[33] Entretien n°9 – 2 avril 2024.
[34] Entretien n°1– 20 février 2024.

Cette évolution, conjuguée à la pression à démontrer une utilité immédiate, participe d'une logique d'effacement progressif. La scientifique précise par exemple :

> Alors je ne sais pas si c'est un problème de recherche fondamentale ou de recherche sur l'animal, mais en tout cas jusqu'il n'y a pas si longtemps, j'avais des projets de recherche fondamentale chez le primate non humain qui étaient financés… et là je vois bien que ça marche plus en fait[35].

Point de vue partagé par une de ses collègues :

> L'étranglement des financements qui sont liés à des gestions de politiques publiques. Elles mettent beaucoup d'emphase sur les projets qui sont plus directement liés à de l'applicatif, à du thérapeutique, à du préclinique, et cetera… et du coup, moi et puis un certain nombre de mes collègues, on se situe plutôt sur le domaine vraiment recherche fondamentale. On n'est pas les seuls domaines disciplinaires qui souffriront de l'étranglement des financements, mais on fait partie de ceux-là[36].

Dans ce climat tendu, les pratiques de communication changent de nature. Le discours scientifique est contraint de basculer dans une posture défensive, dans laquelle la justification permanente remplace les narrations plus classiques de la science autour de la curiosité et du plaisir de la découverte. La légitimité n'est plus acquise d'avance, elle doit être activement démontrée. Ce déplacement fragilise l'autonomie des chercheurs, d'autant plus lorsqu'ils travaillent sur des objets qui, par essence, ne peuvent promettre des retombées cliniques immédiates. Il en résulte une communication sous tension, où la parole scientifique devient un exercice d'équilibriste.

### *3.2. Une lutte pour la visibilité médiatique et institutionnelle*

Parmi les chercheurs interrogés, l'idée d'une recherche menacée et à défendre est présente à plusieurs reprises et selon différents angles. La recherche fondamentale chez le primate non humain est ainsi perçue comme marginalisée dans l'espace public et institutionnel.

---

[35] Entretien n°9 – 2 avril 2024.

[36] Entretien n°10 – 25 avril 2024.

Comme nous l'avons vu précédemment, le manque de visibilité médiatique de la recherche fondamentale est un constat récurrent. Mais cette invisibilité se double, dans le cas d'un objet aussi sensible que le primate non humain, d'une difficulté accrue à faire entendre la spécificité de ces travaux. Les chercheurs soulignent cette dimension, décrivant une communication publique marquée par la faiblesse des relais consacrés à leurs recherches.

La situation est ambivalente : plusieurs chercheurs reconnaissent qu'ils peuvent, ponctuellement, obtenir des articles de vulgarisation ou des communiqués de presse de la part de leur institution pour des publications impliquant le primate non humain ; tout en précisant que la recherche fondamentale est finalement toujours celle qui disparaît dans le traitement médiatique. Ils font ainsi face à un certain isolement, où la légitimité de leur travail n'accède que rarement aux discours publics ou se trouve systématiquement réduite à leurs applications potentielles, souvent lointaines. Plusieurs répondants font état d'une valorisation disproportionnée de la recherche appliquée. Comme le résume une chercheuse :

> Moi j'aimerais qu'il y ait plus de communication sur la recherche fondamentale, parce que c'est vrai que ce qu'on met souvent en avant c'est la recherche clinique et les avancées cliniques, et donc là oui, s'il y a une avancée clinique, on peut se permettre de parler primate non humain… Mais enfin, si on ne faisait que ça, on ne serait jamais arrivé au stade clinique en fait… Il y a un petit décalage, mais bon… je n'ai pas l'impression qu'il soit dû à l'entité CNRS, j'ai plus l'impression qu'il est dû à la culture dans laquelle on est et aux médias en général, qui sont plus friands de choses qui sont vendeuses[37].

Cette réduction du rôle de la recherche fondamentale à celui d'un simple préambule à la thérapeutique constitue pour plusieurs un rétrécissement du récit scientifique, peu fidèle à la réalité de leur travail, qu'ils se doivent de rétablir lors de leurs prises de parole. Pour autant, d'autres répondants se positionnent dans une démarche opposée, se focalisant sur un public davantage intéressé par les applications cliniques de la recherche :

---

[37] Entretien n°9 – 2 avril 2024.

> Je pense que la recherche appliquée passera mieux auprès du public que la recherche fondamentale… et la recherche fondamentale est indispensable pour aller vers une recherche appliquée… Mais c'est vrai que pour le grand public, si ça a un but thérapeutique ça passera plus facilement[38].

L'institution elle-même, bien qu'elle puisse ponctuellement relayer des travaux sur le primate non humain, est perçue comme manquant d'un positionnement clair et de proactivité sur ce sujet sensible. Ce flou contribue à un sentiment de méfiance de la part des chercheurs. Une difficulté fondamentale émerge : la prise de parole repose presque exclusivement sur des engagements individuels, portés à titre personnel. Si ces expériences sont souvent décrites comme positives et stimulantes, elles sont aussi vécues comme chronophages, précaires et à risque, en l'absence de protection ou de reconnaissance institutionnelle. Le cœur du problème réside également dans le manque d'accompagnement structuré.

À propos de la recherche fondamentale, l'un des répondants exprime très clairement cette difficulté :

> La question de communiquer sur la recherche fondamentale pour nous ça a toujours été le truc le plus compliqué, très compliqué. Enfin que les gens ne comprennent pas, parce qu'ils ne comprennent pas le processus, pas que pour la biologie hein, on l'entend en physique… les journalistes puis les gens ne comprennent pas ce que c'est de la recherche fondamentale hein et à quoi ça sert, et comment ça se positionne dans le processus d'acquisition des connaissances et d'application des connaissances[39].

Dans ce contexte, les chercheurs font face à un double défi : rendre visible une recherche qui tend à être invisibilisé, et prendre la parole sur un objet controversé, sans appui clair ni cadre de reconnaissance professionnelle :

> (…) quand on communique avec des députés c'est pareil. C'est de toujours ramener ça à la recherche préclinique et à l'application, et on défend peu la recherche fondamentale… et elle est plus beaucoup plus difficile à défendre chez le primate non humain cette recherche fondamentale. Et c'est un peu le défaut… à chaque fois qu'on fait des

[38] Entretien n°6 – 14 mars 2024.

[39] Entretien n°3 – 23 février 2024.

> reportages télévisés, c'est un peu toujours cet aspect-là qui disparaît et sur lequel on a du mal à communiquer ouvertement[40].

### *3.3. Objectifs flous et récits contraints*

À partir des constats exprimés par les chercheurs lors des entretiens, mis en perspective avec l'approche développée par Besley *et al.* (2024) sur les objectifs comportementaux de la communication scientifique adaptés à des audiences spécifiques, il est possible de mieux cerner les difficultés propres à la communication de la recherche fondamentale sur le primate non humain.

Les scientifiques interrogés soulignent à la fois la curiosité du public et sa méconnaissance profonde du fonctionnement de la recherche fondamentale, et plus encore de l'expérimentation animale. Ainsi, les objectifs classiques identifiés pour la communication des sciences fondamentales – susciter l'intérêt, cultiver la curiosité, accroître la culture scientifique – apparaissent bien dans les discours. Mais dans le cas particulier du primate non humain, ces objectifs sont partiellement dévoyés par deux préoccupations majeures.

La première est celle, inévitable, de la justification clinique. Face à la difficulté de communiquer sur la science fondamentale pour elle-même – difficulté encore renforcée dans un contexte de controverse –, la tentation est grande de recourir à des exemples d'application. La rhétorique clinique devient alors une réponse anticipée aux attentes supposées du public et des financeurs, dans un paysage où les politiques scientifiques privilégient les projets à retombées thérapeutiques ou technologiques immédiates. Mais comme le souligne l'un des répondants, il s'agit d'une tendance risquée :

> L'idée qu'il faut être capable de démontrer que [la recherche] va être utile, c'est l'antithèse de la recherche fondamentale[41].

Ce glissement est également présent dans les pratiques de vulgarisation. Plusieurs chercheurs admettent que, pour parler de leurs recherches au grand public, ils s'appuient plus volontiers sur des exemples d'applications connues : stimulation cérébrale profonde,

---

[40] Entretien n°7 – 20 mars 2024.
[41] Entretien n°6 – 14 mars 2024.

prothèses neuronales, interfaces cerveau-machine. Ces exemples sont mobilisés comme points d'entrée narratifs, permettant de capter l'attention et de désamorcer les critiques, tout en réaffirmant l'utilité sociale de la recherche. Cette stratégie, bien que fonctionnelle, suscite parfois d'autres types de réflexion chez les chercheurs. Comme le formule l'un des répondants :

> On pourra toujours dire que ça sera utile un jour pour un médicament, certes, mais il y a aussi la nécessité ou l'envie de connaissance pour elle-même[42].

Le second axe est celui de l'explication des pratiques d'expérimentation animale, et la nécessité ressentie de rassurer le public. Une chercheuse résume ainsi ce déplacement de rôle :

> J'avais plus l'impression de devoir justifier comment ça se passait dans les labos. J'avais l'impression que ce n'était pas à moi de le faire. Et en même temps, maintenant je me dis "bah si, c'est aussi à moi" de rassurer entre guillemets, qu'on ne fait pas n'importe quoi, qu'il y a des comités d'éthique, tout ça, ce n'est pas le chercheur tout puissant dans sa tour d'ivoire[43].

Cette charge de « rassurer » sur la question du bien-être animal s'inscrit peut-être aussi dans des perceptions différenciées du *Belief in Animal Mind*, concept développé par Hills *et al.* en 1995, définissant la façon dont nous attribuons aux animaux des capacités intellectuelles et émotionnelles[44], et du terme de plus en plus utilisé, lui aussi issu de la langue anglaise, de sentience animale, élargissant cette conception jusqu'au niveau de la conscience[45]. Les scientifiques se distinguent des publics non spécialisés par une posture plus nuancée, parfois plus prudente, vis-à-vis de ces concepts[46]. Les chercheurs reconnaissent pleinement l'intelligence, la diversité comportementale et la personnalité individuelle des primates non humains, telles qu'observées dans leur pratique quotidienne. Une chercheuse évoque par exemple un

---

[42] Entretien n°1 – 20 février 2024.

[43] Entretien n°9 – 2 avril 2024.

[44] A. M. Hills, « Empathy and Belief in the Mental Experience of Animals », *Anthrozoös* 8, n° 3, 1995, p. 132.

[45] A. Guillaume, « Les animaux, ces êtres doués de « sentience » », The Conversation, 17 octobre 2017. http://theconversation.com/les-animaux-ces-etres-doues-de-sentience-82777.

[46] Knight *et al.*, « Science versus Human Welfare? », *art. cit.* p. 473.

« répertoire comportemental plus profond que ce qu'on imaginait », une autre la capacité des primates à « déjouer les prédictions ». Cette conscience aiguë de la cognition animale affecte leur rapport à l'animal, leur positionnement éthique et leur sensibilité aux enjeux de bien-être. Pour autant, la plupart tempèrent leur propos, mettant en garde contre les risques d'anthropomorphisme. Ils marquent une distance conceptuelle avec l'humain, insistant sur la richesse propre des primates, et pas uniquement pensée par rapport à l'humain. L'un d'eux l'exprime clairement :

> Dans la presse et dans les médias, on voit toujours… tout devient intelligent tout d'un coup, on utilise des concepts un peu à l'emporte-pièce, qui ont tendance à éliminer ou à effacer les différences entre les organismes et entre les entités (…) Ce qui est dommage, parce que les animaux sont extrêmement riches, enfin leurs capacités sont immenses, mais il faut les comprendre pour ce qu'ils sont et c'est vachement important de ne pas biaiser leur statut[47].

Or, il ne s'agit pas ici d'établir un arbitrage entre la perception des chercheurs et celle que peuvent avoir les publics, mais de souligner l'importance que la compréhension de ces attitudes différenciées peut avoir sur la communication. Comme nous l'avons dit précédemment, citant Sawyer et *al.* (2024), une communication pertinente sur la recherche fondamentale ne se contente pas d'expliquer ou de rassurer : elle doit aussi être capable de s'adapter aux représentations, aux identités et aux affects de ses publics. Cela implique une compréhension fine des publics, que les chercheurs interrogés suggèrent déjà dans le récit de leurs pratiques. Si ces dernières sont pour la plupart relativement modestes, certains formats, autour de groupes restreints, de publics bien définis – qui est aussi une stratégie d'évitement de certains activistes –, de conditions contrôlées semblent être privilégiés par les chercheurs.

En définitive, cette situation duale – valoriser une recherche fondamentale tout en défendant une pratique exposée à la critique – oblige à repenser les objectifs de communication. Comment parler de la recherche fondamentale sur le cerveau des primates, sans éluder les controverses qu'implique son objet ? Et comment légitimer cette recherche sans la réduire à des promesses d'applications

[47] Entretien n°3 – 23 février 2024.

thérapeutiques ? Autant de questions que les chercheurs commencent à formuler, dans leurs pratiques et dans leurs récits, mais auxquelles il ne semble pas encore y avoir de réponses claires, en particulier du côté des institutions.

## CONCLUSION

La recherche fondamentale chez le primate non humain se trouve aujourd'hui dans une position fragile : peu visible lorsqu'il s'agit de faire reconnaître ses apports scientifiques, mais au risque d'être très exposée dès que la question de l'expérimentation animale est soulevée. Dans ce contexte, la communication scientifique ne peut être envisagée comme un simple exercice de transmission de connaissances ou de curiosité scientifique, tel que décrit le plus souvent par les chercheurs, mais bien comme un dispositif de négociation publique, qui, comme le montrait déjà Maja Horst à propos du débat autour des cellules souches au Danemark[48], relève d'un enjeu de performativité de la communication et de la construction collective de représentations pour la prise de décision politique, où se jouent à la fois la légitimité, la pérennité et la compréhension de cette recherche dans l'espace public. On observe dans le récit des chercheurs interrogés la persistance d'un modèle du déficit, une approche verticale de la communication, voire d'un modèle de défense, où les publics peuvent être hostiles à l'égard de leur recherche ou de leur personne[49].

Les entretiens révèlent une conscience de leur part de ces tensions. Face à des attentes publiques difficiles à identifier, associées à une défiance croissante, les scientifiques se retrouvent dans une position ambivalente : conscients de la nécessité de parler, mais souvent isolés dans leur prise de parole, sans cadre ni reconnaissance institutionnelle. Dans ce contexte, penser une communication suppose de dépasser cette approche descendante de l'information, encore très largement présente en matière de communication scientifique, pour intégrer les représentations, les affects et les cadres cognitifs des publics concernés. Il serait intéressant d'envisager les possibilités que représenterait des

[48] M. Horst, « The Laboratory of Public Debate: Understanding the Acceptability of Stem Cell Research », *Science and Public Policy* 35, n° 3, 2008, p. 197-205.

[49] B. Trench, « Towards an Analytical Framework of Science Communication Models », in *Communicating Science in Social Contexts*, éd. par Donghong Cheng *et al.*, Springer Netherlands, 2008, p. 131.

approches plus dialogiques, où chercheurs, institutions, publics et d'autres parties prenantes participent à réfléchir à la question de l'expérimentation animale et de ses usages. Cela suppose aussi, plus structurellement, de reconnaître que la communication ne peut reposer uniquement sur l'engagement individuel des chercheurs. Le rôle des institutions et des professionnels de la communication devient ici central pour soutenir, accompagner, et co-construire des stratégies crédibles et cohérentes avec la complexité du sujet.

Enfin, cet article invite à engager une réflexion sur les formes futures de la communication de la recherche fondamentale en contexte sensible, que cela passe par une professionnalisation accrue des pratiques de communication au sein des laboratoires, un meilleur accompagnement institutionnel ou encore une articulation plus étroite entre chercheurs et communicants. Il pourrait s'agir également de développer des dispositifs participatifs, intégrant les publics dans les discussions éthiques. Enfin, une reconnaissance académique claire des efforts de médiation apparaît nécessaire pour légitimer et encourager l'investissement des scientifiques dans ces démarches, aujourd'hui encore souvent laissées à leur seule initiative.

*Bull. Hist. Épistém. Sci. Vie*, 2025, *32*, (2), 197-214

# Contribution des études chez l'animal à la neurophysiologie de l'orientation visuelle du regard

Laurent Goffart* et François-Jean Bonnet**

RÉSUMÉ. Prolongeant les découvertes faites par leurs prédécesseurs sur l'espèce féline, les neurophysiologistes et les neuroanatomistes ont, au cours des sept dernières décennies, accumulé chez le primate non humain un corpus considérable de connaissances qui a permis d'identifier les réseaux cérébraux impliqués dans la production des mouvements oculaires et de comprendre les troubles oculomoteurs manifestés dans certaines pathologies cérébrales humaines. Ces recherches ont certes contribué à comprendre la pathophysiologie des désordres oculaires humains, mais surtout, elles constituent un socle solide de connaissances fiables qui permet de douter des raccourcis employés par certaines thèses naturalistes qui considèrent les mouvements oculaires comme un « bio »-marqueur des fonctions cognitives.

***

ABSTRACT. Building on the discoveries made by their predecessors in the feline species, neurophysiologists and neuroanatomists have accumulated, over the past seven decades, a substantial body of knowledge in non-human primates, which has allowed them to identify the brain networks involved in the production of eye movements and to understand the oculomotor disorders exhibited by some human cerebral pathologies. While these studies have undoubtedly contributed to understanding the pathophysiology of human oculomotor disorders, they also constitute a solid foundation of reliable knowledge that enables us to question the shortcuts employed by some naturalist theses which consider eye movements as a « bio »-marker of cognitive functions.

***

Les auteurs remercient Dr I. Leparc-Goffart de ses conseils pour rendre notre article moins technique et plus accessible à un lectorat plus généraliste.

* Centre Gilles Gaston Granger, UMR 7304 CNRS Aix Marseille Université, Aix-en-Provence. Correspondance : laurent.goffart@cnrs.fr
** Direction du Numérique, Aix Marseille Université, Aix-en-Provence.

Au cours des sept dernières décennies, les études anatomo-physiologiques chez le singe ont constitué, dans le prolongement de celles précédemment menées chez le chat, un lexique et un socle de connaissances tel que l'on peut désormais comprendre, non seulement la neurophysiologie sous-jacente à la motricité oculaire, mais aussi comment tel ou tel autre symptôme oculomoteur apparaît chez différents patients cérébrolésés.

Dans l'exposé qui suit, nous allons aborder cette formidable complexité qui se cache derrière la production d'un mouvement oculaire, la saccade, ce mouvement très rapide des yeux par lequel nous explorons et localisons les objets de notre environnement visuel. Nous ne décrirons pas le cheminement des activités qui, partant de la rétine, rejoignent les groupes de neurones responsables des contractions musculaires. Un tel traçage conduirait à nous égarer car les études neuroanatomiques nous enseignent que les excitations convoyées par les nerfs optiques se propagent dans le cerveau au travers d'une multitude de voies divergentes et arborescentes. Nous emprunterons le chemin qui procède à rebours : partant des contractions musculaires et des changements qu'elles imposent à l'orientation des globes oculaires, nous allons remonter le cours des flux d'activité qui convergent au niveau des nerfs moteurs.

Ces études chez le chat et le singe ont conduit à caractériser les principaux réseaux neuronaux qui, dans le tronc cérébral et le cervelet, nous dotent de cette capacité à diriger le regard vers l'endroit où se trouve un objet, qu'il soit détecté ou convoité[1]. Au cours de notre exploration « à contre-courant », nous découvrirons les enseignements apportés par les travaux chez le singe pour expliquer les symptômes oculaires consécutifs du dysfonctionnement de certaines régions cérébrales chez le sujet humain. Les explications seront alors données avec des notions qui relèvent du lexique neurophysiologique.

Un progrès considérable fut rendu possible grâce aux développements technologiques et au renfort de chercheurs ayant reçu

---

[1] Le lecteur trouvera un exposé plus complet et illustré de notre l'article dans L. Goffart, « Neurologie de l'orientation visuelle du regard: Contribution des études chez les primates non-humains » *Revue de Primatologie*, 2025a, 16, sous presse.

une formation en ingénierie et en automatique. Les études chez le singe vigile, préalablement entraîné à accomplir diverses tâches visuelles, ont peu à peu remplacé celles chez le chat, majoritairement réalisées en préparation anesthésiée. Plus difficilement applicable aux autres espèces animales, l'automatisation des tests expérimentaux a permis de mieux contrôler les conditions préalables à chacune des performances enregistrées. Ce contrôle des conditions initiales a en effet renforcé la significativité des analyses statistiques en réduisant la variabilité des paramètres mesurés, tant au niveau de l'activité enregistrée des neurones qu'au niveau des conséquences cinématiques de leur perturbation fonctionnelle. Mieux que les paramètres globaux et moins précis rapportés par les études comportementales et lésionnelles chez les autres animaux, les mouvements oculaires produits par les singes entrainés devenaient plus faciles à comparer à ceux que le patient produit sur les consignes verbales du neurologue. Ainsi, sans céder au moindre anthropomorphisme, les études chez le primate non-humain ont enrichi un lexique anatomo-physiologique plus facilement transférable à la neurologie humaine.

## 1. L'ORIENTATION PHYSIQUE DES GLOBES OCULAIRES

Avant d'aller plus loin, il est crucial de prendre conscience du hiatus entre d'une part, le substrat neurophysiologique d'une posture ou d'un mouvement, et d'autre part, la série temporelle des valeurs numériques fournies par l'instrumentation de mesure. En effet, chaque globe oculaire doit son orientation aux tensions que six muscles extra-oculaires exercent sur lui. Ces tensions agissent comme une sorte de tonus basal à partir duquel l'orientation de l'œil change dès lors que leur équilibre est modifié. Le globe se met à tourner lorsque des variations asymétriques sont introduites dans le degré de contraction des six muscles. Nous verrons alors que diriger le regard, par exemple vers le haut, est un phénomène physique dont le versant physiologique est autrement plus complexe qu'une série croissante de valeurs numériques[2].

---

[2] Pareillement, les aspects neurophysiologiques de la navigation d'un rongeur au sein d'une arène vont au-delà de la simple description des corrélations entre l'activité neuronale et les seules coordonnées spatiales du centre de gravité d'une image obtenue par une caméra surplombant le corps de l'animal.

Les études neurophysiologiques ont d'abord identifié l'origine du degré de contraction des fibres constitutives de chaque muscle. Il dépend de la fréquence avec laquelle leur parviennent les potentiels d'action émis par les neurones *moteurs*, aussi appelés motoneurones. Regroupés dans trois paires de noyaux, ces derniers sont à l'origine des six nerfs crâniens qui innervent les muscles extraoculaires. Leur fréquence d'émission de potentiels d'action dépend à son tour de la fréquence des potentiels d'action qu'ils reçoivent en provenance de neurones *prémoteurs*. Ces derniers sont classés en deux grandes catégories, selon qu'ils exercent une influence excitatrice ou inhibitrice. Les neurones prémoteurs excitateurs augmentent la probabilité des motoneurones à émettre des potentiels d'action tandis que les inhibiteurs la diminuent. De même, l'activité des neurones prémoteurs dépend des potentiels d'action qu'ils reçoivent d'une multitude de neurones situés en amont, plus centralement dans le cerveau, et ainsi de suite jusqu'à l'autre bout de la chaîne visuomotrice, les cellules de la rétine à l'origine des nerfs optiques. On constate donc une configuration arborescente inverse de la divergence qui se déploie à partir des nerfs optiques.

Ces arborescences (divergente et convergente) n'apparaissent pas dans le cas du réflexe vestibulo-oculaire, ce mouvement oculaire produit dans la direction opposée à la rotation de la tête et qui maintient le regard dans la même direction. Ici, l'activité des neurones prémoteurs dépend principalement des potentiels d'action émis par un groupe restreint de neurones sensoriels primaires innervés par l'un des deux nerfs vestibulaires.

Par convention, les mouvements oculaires sont décrits comme des rotations autour de trois axes : un axe vertical pour les mouvements horizontaux (rotations vers la gauche ou la droite), un axe horizontal pour les mouvements verticaux (vers le haut ou le bas) et un axe antéropostérieur pour les mouvements de torsion (intorsion ou extorsion). Ces trois axes sont bien évidemment fictifs et les rotations apparentes. Derrière les rotations se cachent des synergies d'activités neuromusculaires entre des éléments invisibles à l'examen cinématique et que seules les études chez l'animal ont permis de révéler.

Par exemple, la capacité de diriger un œil vers le haut repose sur une coopération entre les six muscles : la contraction des muscles agonistes droit supérieur (DS) et oblique inférieur (OI), le relâchement des muscles antagonistes (droit inférieur et oblique supérieur), et la tension constante des muscles impliqués dans les mouvements horizontaux. Or la contraction du DS provoque aussi une intorsion et celle de l'OI une extorsion. Les études cinématiques nous enseignent pourtant que les mouvements vers le haut suivent des trajectoires quasiment rectilignes et dénuées de torsion. Nous verrons que l'annulation des torsions repose sur un ajustement fin des commandes émises par les motoneurones situés dans les parties gauche et droite du tronc cérébral. Cette innervation bilatérale explique aussi pourquoi les deux yeux bougent et pas un seul[3].

Les études cinématiques révèlent enfin deux catégories de mouvement oculaire : les saccades et les mouvements lents. Les premières, extrêmement rapides, sont observées lors de l'exploration visuelle d'une scène. Les seconds, beaucoup plus lents, sont observés lorsque le regard suit par exemple le vol d'un pélican dans le ciel. Lorsque la cible n'est pas trop proche de la tête, ces deux types de mouvement sont conjugués : les deux yeux bougent simultanément dans la même direction.

Nous allons maintenant examiner les bases anatomo-physiologiques de la binocularité des mouvements en nous limitant aux saccades dirigées vers une cible visuelle statique.

## 2. Les saccades binoculaires

L'orientation du regard vers une cible visuelle implique les deux globes oculaires. Les motoneurones qui innervent les muscles de l'œil droit étant distincts de ceux qui innervent les muscles de l'œil gauche, comment se fait-il que les deux yeux bougent conjointement ?

### *2.1. Saccades horizontales*

Un mouvement horizontal mobilise les muscles droit latéral (DL) et droit médial (DM). Pour chaque œil, les motoneurones qui innervent le DL sont regroupés dans le noyau abducens ipsilatéral[4] et ceux qui innervent le DM dans le noyau oculomoteur, lui aussi ipsilatéral. Si

---

[3] A. Moschovakis, « Are laws that govern behavior embedded in the structure of the CNS? The case of Hering's law », *Vision Res.*, 1995, 35, p. 3207-3216.

[4] « ipsilatéral » signifie « du même côté ».

l'autre œil bouge, c'est parce que dans le noyau abducens, à proximité des motoneurones qui innervent le DL, se trouvent des neurones dits "internucléaires" qui relayent aux motoneurones du DM de l'œil controlatéral[5], la même excitation que reçoivent les motoneurones voisins. Cette excitation partagée provient de cellules prémotrices situées dans la formation réticulaire pontine paramédiane (FRpp) et appelées neurones excitateurs phasiques (NEPs). C'est cette innervation prémotrice conjointe des motoneurones et des neurones internucléaires qui explique pourquoi les deux yeux bougent simultanément.

Les études chez le singe macaque[6] ont montré qu'une lésion de la FRpp abolit la capacité de produire des saccades ipsilésionnelles (dirigées vers le côté lésé) sans affecter les mouvements lents (du réflexe vestibulo-oculaire ou de la poursuite). Ces observations permettent d'expliquer la cause de la paralysie directionnelle des saccades chez les personnes humaines souffrant d'une lésion comparable[7]. D'autres études chez le singe nous enseignent qu'une microstimulation électrique appliquée dans cette région évoque un mouvement ipsilatéral des deux yeux. Le mouvement évoqué ne ressemble pas du tout à une saccade ; sa vitesse est constante et dépend de la fréquence des impulsions de stimulation. Il ne ressemble pas à une saccade pour plusieurs raisons. L'une d'elles est que les muscles antagonistes ne sont pas détendus comme ils l'auraient été si la saccade avait été provoquée par une cible. Leur relâchement résulte d'une pause dans l'activité des motoneurones qui les innervent. Lors des saccades naturelles, ce relâchement des muscles antagonistes au mouvement résulte d'une suppression de l'innervation motrice. Là encore, les travaux chez l'animal ont identifié l'origine de cette pause dans les

---

[5] « ontrolatéral » signifie « du côté opposé ».

[6] V. Henn, W. Lang, K. Hepp, « Experimental gaze palsies in monkeys and their relation to human pathology », *Brain*, 1984, 107, p. 619-636.

[7] M. Hanson, M. Hamid, R. Tomsak, S. Chou, R. Leigh, « Selective saccadic palsy caused by pontine lesions: Clinical, physiological, and pathological correlations », *Annals of Neurology*, 1986, 20, p. 209-217.

salves émises par des neurones inhibiteurs situés à proximité du noyau abducens[8].

Les conséquences d'une lésion de ces neurones (appelés neurones inhibiteurs phasiques ; NIPs) ne sont pas encore connues, ni chez le singe ni chez l'humain. En raison de l'inhibition qu'ils exercent sur les muscles et les commandes antagonistes, et aussi sur les NIPs controlatéraux, nous pouvons nous attendre à une réduction de l'amplitude (hypométrie) des saccades ipsilésionnelles et une augmentation de l'amplitude (hypermétrie) des saccades controlésionnelles (dirigées vers le côté opposé). Les enregistrements chez le singe montrent en effet que la moitié des NIPs émettent des potentiels d'action lors des saccades controlatérales[9]. Au niveau des cellules du noyau abducens, les potentiels d'action émis par les NIPs se combineraient donc avec ceux émis par les NEPs pour composer la commande agoniste[10]. Cette thèse expliquerait l'hypermétrie des saccades chez le singe et l'humain après lésion unilatérale de la région caudale du noyau fastigial[11] : l'amplitude est trop grande en raison d'un défaut d'inhibition exercée par les NIPs. Des études complémentaires cliniques chez l'humain ou d'inactivation chez le singe sont requises pour confirmer ou infirmer cette hypothèse.

Grâce aux études neuroanatomiques réalisées chez le singe, on sait en effet que les neurones prémoteurs (NEPs et NIPs) reçoivent des signaux en provenance de neurones situés dans le colliculus supérieur profond controlatéral et dans la région caudale du noyau fastigial. Le colliculus supérieur est une structure située en haut du tronc cérébral tandis que le noyau fastigial est le noyau profond médial du cervelet.

---

[8] C. Scudder, A. Fuchs, T. Langer, « Characteristics and functional identification of saccadic inhibitory burst neurons in the alert monkey ». *Journal of Neurophysiology* 1988, 59, p. 1430-1454.

[9] *ibid.*

[10] D. Sparks, E. Barton, « Neural control of saccadic eye movements », *Current Opinion in Neurobiology*, 1993, 3, p. 966-972.

[11] L. Goffart, L. Chen, D. Sparks, « Deficits in saccades and fixation during muscimol inactivation of the caudal fastigial nucleus in the rhesus monkey », *J. Neurophysiol.*, 2004, 92, p. 3351-3367.

### *2.2. Saccades verticales*

Une saccade vers le haut implique la contraction du droit supérieur (DS) et oblique supérieur (OS) de chaque œil, combinée au relâchement des droit inférieur (DI) et oblique supérieur (OS), tandis que la contraction des DM et DL ne change pas. Les études chez le singe ont montré que la contraction des muscles agonistes est provoquée par une salve de potentiels d'action émise par les motoneurones situés dans les noyaux oculomoteurs gauche et droit tandis que le relâchement des muscles antagonistes résulte d'une pause dans l'activité des motoneurones situés dans le noyau oculomoteur (NOM) ipsilatéral (pour le DI) et le noyau trochléaire controlatéral (pour l'OS). À cette binocularité des commandes s'ajoute le fait que les motoneurones reçoivent une commande bilatérale en provenance de neurones prémoteurs excitateurs situés dans les noyaux interstitiels rostraux du faisceau longitudinal médian (riFLM) gauche et droit. L'inhibition des motoneurones antagonistes provient quant à elle de neurones inhibiteurs situés dans les noyaux interstitiels de Cajal controlatéraux.

Une saccade vers le bas est produite par la contraction des DI et OS des deux yeux, combinée au relâchement des DS et OI. La contraction des muscles agonistes est provoquée par les salves émises par les motoneurones situés dans le NOM ipsilatéral (pour le muscle DI) et le noyau trochléaire controlatéral (muscle OS). Le relâchement des muscles antagonistes résulte d'une pause dans l'activité des motoneurones situés dans les NOMs ipsilatéral (muscle OI) et controlatéral (muscle DS).

Ainsi, contrairement à l'origine bilatérale de l'excitation prémotrice impliquée dans les saccades vers le haut, elle est unilatérale pour les saccades vers le bas, provenant de neurones excitateurs situés dans le riFLM ipsilatéral. Les commandes prémotrices sont donc bilatérales pour les saccades vers le haut et unilatérales pour celles vers le bas. Cette différence explique les conséquences d'une lésion unilatérale du riFLM chez le singe : les saccades vers le bas sont beaucoup plus affectées que celles vers le haut[12]. Elle reste cependant à confirmer par les études cliniques chez l'humain.

---

[12] Y. Suzuki, J. Büttner-Ennever, D. Straumann, K. Hepp, B. Hess, V. Henn, « Deficits in torsional and vertical rapid eye movements and shift of Listing's plane after uni-and

Nous avons vu qu'en plus de diriger le regard vers le haut, la contraction du DS provoque une intorsion et celle de l'OI une extorsion. Ainsi, lors des saccades vers le haut, l'intorsion provoquée par les commandes adressées au DS se combine avec l'extorsion provoquée par les commandes à l'OI. De même, en plus de diriger le regard vers le bas, la contraction du DI provoque une extorsion et celle de l'OS une intorsion. Du coup, l'extorsion provoquée par les commandes adressées au DI se combine avec l'intorsion provoquée par la contraction du muscle OS. Or, les études cinématiques montrent une torsion négligeable des globes oculaires lors des saccades verticales[13] : l'intorsion et l'extorsion s'annulent mutuellement.

La question reste de savoir quelles contraintes conduisent à cette annulation des torsions. Étant donné les asymétries non seulement structurelles, à savoir musculaires (actions secondaires et tertiaires des contractions) et neuroanatomiques (nombre de neurones impliqués et leur connectivité synaptique), mais aussi fonctionnelles (différence d'émission de potentiels d'action entre les neurones situés de part et d'autre du tronc cérébral), rien ne nous autorise en effet à postuler que les parties gauche et droite du tronc cérébral soient l'image symétriquement parfaite de l'autre, d'un point de vue aussi bien neuroanatomique que fonctionnel. Plusieurs études montrent d'ailleurs le contraire[14].

Un autre exemple remarquable des enseignements des études chez le singe est la rotation conjuguée des deux yeux dans le sens horaire quand une microstimulation électrique est appliquée dans le riFLM droit et la rotation anti-horaire quand elle est appliquée dans le riFLM gauche[15]. Puisque l'origine des saccades verticales est bilatérale, on doit s'attendre à ce qu'une composante torsionnelle apparaisse dans les

---

bilateral lesions of the rostral interstitial nucleus of the medial longitudinal fasciculus », *Experimental Brain Research*, 1995, 106, p. 215–232.

[13] D. Straumann, D. Zee, D. Solomon, A. Lasker, D. Roberts, « Transient torsion during and after saccades », *Vision Research*, 1995, 35, p. 3321-3334.

[14] V. Duboc, P. Dufourcq, P. Blader, M. Roussigné, « Asymmetry of the brain: development and implications ». *Annual Review in Genetics*, 2015, 49, 647-672. C. de Kovel, S. Lisgo, S. Fisher, C. Francks, « Subtle left-right asymmetry of gene expression profiles in embryonic and foetal human brains ». *Scientific Rep.* 2018, 8, 12606.

[15] J. Crawford, T. Vilis, « Symmetry of oculomotor burst neuron coordinates about Listing's plane », *J. Neurophysiol.*, 1992, 68, p. 432-448.

saccades verticales après lésion unilatérale du riFLM, une torsion dont la direction doit dépendre du côté lésé. Si le riMLF droit est lésé, alors l'activité du riFLM gauche (intact) devrait provoquer une torsion binoculaire dans le sens anti-horaire, c'est-à-dire une intorsion de l'œil droit (provoquée par la contraction de l'OS) associée à une extorsion de l'œil gauche (provoquée par la contraction du DI). Cette déduction correspond exactement aux observations faites chez un patient souffrant d'une lésion du riFLM droit. Une composante torsionnelle dans le sens anti-horaire accompagne chacune de ses saccades verticales volontaires, vers le bas ou le haut[16].

Le contrôle bilatéral des saccades verticales implique les deux colliculi supérieurs, les deux moitiés médiales pour les saccades vers le haut et les deux moitiés latérales pour celles vers le bas. L'ajustement cérébelleux des saccades verticales ne semble pas être assuré par les neurones du noyau fastigial caudal (NFc) car leurs projections mésencéphaliques sont peu nombreuses[17]. Ces faibles projections n'excluent cependant pas les neurones du NFc dans la production des saccades verticales. Les salves qu'ils émettent pendant les saccades verticales pourraient être impliquées dans la compensation des asymétries anatomo-physiologiques. Les enregistrements montrent en effet que la plupart des neurones du NFc émettent une salve de potentiels d'action pendant les saccades verticales[18]. L'observation qu'une perturbation asymétrique de leur activité provoque une déviation horizontale de leur trajectoire[19] démontre le caractère bilatéral de cette activité pour toutes les saccades.

---

[16] O. Kremmyda, J. Büttner-Ennever, U. Büttner, S. Glasauer, « Torsional deviations with voluntary saccades caused by a unilateral midbrain lesion », *Case Report*, 2009, bcr0820080807.

[17] H. Sato, H. Noda, « Divergent axon collaterals from fastigial oculomotor region to mesodiencephalic junction and paramedian pontine reticular formation in macaques », *Neuroscience Research*, 1991, 11, p. 41-54.

[18] K. Ohtsuka, H. Noda, 1991, *op.cit.* ; A. F. Fuchs, F. R. Robinson, A. Straube, 1993, *op.cit.*

[19] M. Takagi, D. Zee, R. Tamargo, « Effects of lesions of the oculomotor vermis on eye movements in primate: saccades », *J. Neurophysiol.*, 1998, 80, 1911-1931 ; L. Goffart, L. Chen, D. Sparks, 2004, *op.cit.*

### *2.3. Conjonction de saccades horizontale et verticale*

Alors que les composantes horizontale et verticale sont contrôlées par des neurones prémoteurs situés dans différentes régions du tronc cérébral, les études cinématiques montrent qu'elles démarrent au même moment lors des saccades obliques, chez l'humain comme chez le singe. La région prémotrice des saccades horizontales étant anatomiquement située plus en arrière que celle des saccades verticales, on aurait pu s'attendre à une asynchronie entre les deux composantes car la distance que doit parcourir chaque potentiel d'action colliculaire pour exciter chacun des groupes de neurones prémoteurs n'est pas la même.

Les enregistrements neuronaux réalisés chez le singe ont découvert dans le noyau raphe interposé une catégorie particulière de neurones qui émettent des potentiels d'action en permanence et de manière régulière, sauf à l'occasion de chaque saccade, auquel cas leur activité marque une pause aussi longue que la durée de la saccade. D'autres études ont montré que ces neurones, appelés neurones omnipauses, inhibent l'activité des neurones prémoteurs. Du coup, l'hypothèse fut émise que la synchronie des deux composantes résulte de l'inhibition quasi-permanente que ces neurones exercent sur les neurones prémoteurs[20]. Libérés simultanément de cette inhibition, ces derniers peuvent émettre leur salve de manière synchrone. Des expériences lésionnelles chez le singe ou des études cliniques chez l'humain sont requises pour infirmer ou confirmer qu'une lésion du noyau raphé interposé désynchronise les composantes horizontale et verticale des saccades obliques.

Chez l'humain comme chez le singe, les études cinématiques révèlent un autre couplage entre les réseaux responsables de chaque composante. Son substrat neurophysiologique n'a pas non plus été identifié. Lorsque la vitesse d'une composante diminue, l'autre est aussi ralentie. Si l'on compare la vitesse horizontale des saccades cardinales à celle des saccades obliques ayant la même amplitude horizontale, alors on découvre que la composante horizontale est plus lente lorsqu'elle est accompagnée d'une composante verticale. Les deux

---

[20] T. Ohgaki, C. Markham, J. Schneider, I. Curthoys, « Anatomical evidence of the projection of pontine omnipause neurons to midbrain regions controlling vertical eye movements ». *Journal of Comparative Neurology*, 1989, 289, p. 610-625.

composantes ne sont donc pas produites indépendamment l'une de l'autre. La démonstration la plus spectaculaire de cette interaction fut apportée par une étude dans laquelle l'activité des neurones prémoteurs de la composante horizontale fut partiellement et transitoirement supprimée par l'injection locale d'un anesthésique[21]. La composante verticale se retrouve alors elle aussi ralentie pendant les saccades obliques. Ces observations attendent d'être confirmées chez le patient neurologique humain.

Jusqu'ici, nous n'avons relaté que quelques-uns des enseignements apportés par les études anatomo-physiologiques chez le singe quant à la production de saccades vers une cible statique. Nous allons maintenant découvrir une complexité inattendue lorsque les yeux ne bougent simplement pas.

### 3. La fixation visuelle

Les motoneurones qui innervent les muscles extra-oculaires ne sont pas du tout au repos lorsque les yeux ne bougent pas. En permanence, ils émettent des potentiels d'action qui entretiennent le tonus postural oculaire spécifiant la direction du regard. Leur activité est entretenue par les potentiels d'action en provenance des neurones toniques répartis dans des noyaux spécifiques de la formation réticulée, à savoir le noyau *prepositus hypoglossi* (NPH), les noyaux vestibulaires et le noyau interstitiel de Cajal (NIC)[22]. Ces neurones sont distincts des neurones prémoteurs dont les salves de potentiels d'action engendrent les saccades oculaires. Ils émettent des potentiels d'action avec une fréquence qui augmente avec la déviation de l'œil dans l'orbite.

Deux groupes neuronaux participent à la déviation horizontale et verticale des yeux. Ils sont relativement indépendants l'un de l'autre car une lésion du premier (dont le NPH fait partie) affecte principalement la capacité à maintenir la direction horizontale du regard, avec des effets

---

[21] E. Barton, J. Nelson, N. Gandhi, D. Sparks, « Effects of partial lidocaine inactivation of the paramedian pontine reticular formation on saccades of macaques », *J. Neurophysiol.*, 2003, 90, p. 372-386.

[22] A. Moschovakis, « The neural integrators of the mammalian saccadic system », *Frontiers in Biosciences*, 1997, 2, d552-d577.

marginaux sur la direction verticale[23]. Après chaque saccade, les yeux subissent un retour vers leur orientation primaire car les muscles DL et DM ne reçoivent plus les commandes toniques responsables des déviations horizontales dans l'orbite. En revanche, une lésion du NIC entraîne une incapacité à maintenir les déviations verticales des yeux sans affecter les horizontales. Après chaque saccade, les yeux subissent là aussi un retour vers leur orientation primaire car les muscles DS, OI, DI et OS ne reçoivent plus les commandes toniques responsables des déviations verticales. Enfin, des dérives torsionnelles des yeux sont observées lorsque la lésion est unilatérale[24].

### *3.1. L'hypothèse des neurones de fixation*

Jusqu'à récemment, le colliculus supérieur profond (CSp) était considéré composé de deux zones antagonistes l'une de l'autre : une zone dite de « fixation" dans sa partie rostrale et une zone « saccadique » située en arrière[25]. Dans la première seraient regroupés des neurones dont l'activité tonique serait responsable du maintien de la direction du regard vers une cible fovéale, tandis que la seconde serait constituée de neurones émettant des salves lors de l'orientation vers des cibles dans le champ visuel périphérique. Selon cette hypothèse, l'activité de la zone rostrale serait impliquée dans la fixation visuelle en inhibant la production de saccades de deux manières : 1) en inhibant directement l'activité des neurones de la région saccadique et 2) en excitant l'activité des neurones omnipauses (OPNs), lesquels nous avons vu qu'ils inhibent les neurones prémoteurs. L'absence d'instabilité de la fixation visuelle lors de l'inactivation de cette région rostrale et d'autres découvertes ont remis en question cette vision dichotomique et conduit à une hypothèse alternative[26].

---

[23] C. Kaneko, « Eye movement deficits after ibotenic acid lesions of the nucleus prepositus hypoglossi in monkeys. I. Saccades and fixation », *J. Neurophysiol.*, 1997, 78, p. 1753-1768.

[24] C. Helmchen, H. Rambold, L. Fuhry, U. Büttner, 1998, *op.cit.*

[25] D. Munoz, R. Wurtz, « Fixation cells in monkey superior colliculus. II. Reversible activation and deactivation », *J. Neurophysiol.*, 1993, 70, p. 576-589.

[26] L. Goffart, Z. Hafed, R. Krauzlis, « Visual fixation as equilibrium: evidence from superior colliculus inactivation », *Journal of Neuroscience*, 2012, 32, 10627-10636; L. Goffart, 2025a, *op.cit.*

Plutôt que d'être composés de deux zones fonctionnellement distinctes, les colliculi supérieurs profonds gauche et droit forment un continuum dans lequel la population de neurones actifs participe à la localisation d'une cible dans le champ visuel[27], les régions rostrales correspondant au champ visuel central et les caudales au champ périphérique. Les potentiels d'action émis par les neurones colliculaires seraient transmis aux réseaux neuronaux impliqués dans la production des saccades horizontales et verticales (décrits plus haut). La fixation correspondrait alors à une sorte d'état d'équilibre dans lequel l'activité répartie sur les deux colliculi gauche et droit déterminerait la direction que doit prendre le regard. Ainsi, les microsaccades observées pendant la fixation d'un objet résulteraient de déséquilibres temporaires entre les signaux émis par les neurones des CSp gauche et droit[28]. Leurs projections vers les OPNs ne semblent pas impliquées dans la fixation car leur inactivation ne provoque ni une instabilité du regard pendant la fixation d'une cible ni un déclenchement prématuré des saccades[29].

### *3.2. Un décalage de la direction du regard pendant la fixation visuelle*

Les expériences d'inactivation de la région rostrale du CSp chez le singe ont mis en évidence son implication dans la production des microsaccades, mais aussi dans la détermination de la direction que prend le regard en réponse à une cible située dans le champ visuel central, que celle-ci soit statique ou mobile, physiquement présente ou imaginée[30]. L'injection locale d'une petite quantité d'agent pharmacologique inhibiteur provoque un décalage de fixation : le singe ne dirige plus le regard vers le centre de la cible, mais vers un endroit décalé par rapport à celui-ci.

---

[27] P. Schiller, M. Stryker, « Single-unit recording and stimulation in superior colliculus of the alert rhesus monkey », *J. Neurophysiol.*, 1972, 35, 915–924 ; Z. M. Hafed, R. J. Krauzlis, « Similarity of superior colliculus involvement in microsaccade and saccade generation », *J. Neurophysiol.*, 2012, 107, p. 1904-1916.

[28] Z. Hafed, L. Goffart, R. Krauzlis, « Superior colliculus inactivation causes stable offsets in eye position during tracking », *J. Neurosci.*, 2008, 28, 8124-8137. L. Goffart, Z. Hafed, R. Krauzlis, 2012, *op.cit.*

[29] C. Kaneko, « Effect of ibotenic acid lesions of the omnipause neurons on saccadic eye movements in rhesus macaques », *J. Neurophysiol.*, 1996, 75, p. 2229-2242.

[30] Z. Hafed, L. Goffart, R. Krauzlis, 2008, *op.cit ;* L. Goffart, Z. M. Hafed, R. J. Krauzlis, 2012, *op. cit.*

Un décalage comparable survient quand le même agent pharmacologique est injecté dans le NFc. Son ampleur est quasiment la même entre la condition où le singe regarde la cible avec la tête immobilisée[31] et celle où il la regarde avec la tête libre[32]. Cette similitude indique que le décalage de fixation concerne la direction du regard plutôt que l'orientation des yeux dans l'orbite. Elle est également compatible avec les études anatomiques qui montrent que les axones des neurones du NFc projettent sur la région rostrale des deux CSp[33]. Ainsi, l'activité bilatérale et soutenue des neurones du CSp rostral et du NFc entretient une sorte tonus d'activité neuronale qui détermine la coopération musculaire permettant de diriger le regard vers une cible dans le champ visuel central. Mobilisant un réseau de neurones distribués dans plusieurs territoires de la formation réticulée et du cervelet, cette activité engendre deux ensembles de commandes et d'"anti-commandes" qui se contrebalancent mutuellement[34]. Une activité asymétrique entre ces deux ensembles provoque la fixation décalée d'une cible, qu'elle soit statique ou mobile.

Des décalages de fixation d'une cible visuelle ont également été signalés chez le singe après une lésion unilatérale du champ oculomoteur frontal[35] ou lors de l'inactivation unilatérale d'une petite partie de celui-ci[36]. En revanche, l'inactivation unilatérale d'une région du cortex pariétal à l'origine de signaux visuels transmis au CSp n'entraîne pas de décalage de fixation chez le singe[37]. Chez l'humain par contre, les études cliniques font état d'une déviation conjuguée des

---

[31] L. Goffart, L. Chen, D. Sparks, 2004, *op.cit.* ; L. Guerrasio, J. Quinet, U. Büttner, L. Goffart, « Fastigial oculomotor region and the control of foveation during fixation », *J. Neurophysiol.*, 2010, 103, p. 1988-2001.

[32] J. Quinet, L. Goffart, 2005, *op.cit.*

[33] P. May, R. Hartwich-Young, J. Nelson, D. Sparks, « Cerebellotectal pathways in the macaque: implications for collicular generation of saccades », *Neuroscience*, 1990, 36, p. 305-324.

[34] L. Goffart, 2025a, *op.cit.*

[35] R. Latto, A. Cowey, « Fixation changes after frontal eye-field lesions in monkeys », *Brain Research*, 1971, 30, p. 25-36.

[36] E. Dias, M. Segraves, « Muscimol-induced inactivation of monkey frontal eye field: Effects on visually and memory-guided saccades », *J. Neurophysiol.* 1999, 81, p. 2191-2214.

[37] C. Wardak, E. Olivier, J. R. Duhamel, « Saccadic target selection deficits after lateral intraparietal area inactivation in monkeys », *J. Neurosci.* 2002, 22, p. 9877-9884.

yeux[38] et de la tête[39] vers le côté lésé après accident vasculaire dans l'hémisphère cérébral, même lorsque les patients explorent une scène visuelle. Une distribution asymétrique de l'amplitude des saccades de fixation vers le champ visuel aveugle est aussi observée chez des patients souffrant d'hémianopsie homonyme ; certains sujets présentant une fixation excentrée[40]. Ces résultats au niveau du cortex pariétal montrent que les observations faites chez le singe et l'humain ne sont pas toujours concordantes. Dans tous les cas, les décalages de fixation résultent d'une asymétrie dans l'ensemble des commandes et "anti-commandes" transmises au réseau réticulo-cérébelleux mentionné plus haut.

### *3.3. La direction du regard comme poly-équilibre*

La direction du regard pendant la fixation visuelle relève donc d'un équilibre[41]. L'étude neuroanatomique de la connectivité des neurones du CSp et du NFc ainsi que le nystagmus observé dans d'autres cas lésionnels conduisent à l'idée d'un poly-équilibre[42], plutôt que d'un équilibre. Selon cette thèse, une saccade ou un mouvement oculaire lent ne démarre pas tant que le système visuo-oculomoteur est dans un mode où les potentielles commandes se contrebalancent mutuellement. Elles sont potentielles dans la mesure où des "anti-commandes" les empêchent de produire une asymétrie dans les commandes motrices adressées à la musculature extra-oculaire. Les saccades reposent sur le recrutement de neurones phasiques et les mouvements oculaires lents sur le recrutement de neurones toniques.

---

[38] E. Becker, H.-O. Karnath, « Neuroimaging of eye position reveals spatial neglect », *Brain*, 2010, 133, p. 909-914.

[39] M. Fruhmann Berger, L. Johannsen, H.-O. Karnath, « Time course of eye and head deviation in spatial neglect », *Neuropsychology*, 2008, 22, p. 697.

[40] J. Reinhard, I. Damm, I. Ivanov, S. Trauzettel-Klosinski, « Eye movements during saccadic and fixation tasks in patients with homonymous hemianopia », *Journal of Neuro-Ophthalmology*, 2014, 34, p. 354-361.

[41] L. Goffart, Z. Hafed, R. Krauzlis, 2012, *op.cit.*

[42] L. Goffart, « Neurophysiology of gaze direction as poly-equilibrium », *NeuroSci*, 2025b, 6, 85, p. 1-21.

## 4. Conclusion

Au cours des dernières décennies, les physiologistes et anatomistes ont accumulé, chez le chat puis chez le singe, un corpus considérable de connaissances sur les réseaux cérébraux impliqués dans les mouvements des yeux et de la tête. La constitution de ce savoir a bénéficié des sciences de l'ingénieur pour autant que les neurophysiologistes résistaient aux tentations de cérébraliser les notions provenant de leur lexique[43]. En effet :

> les schémas fonctionnels de l'organisation oculomotrice servent de description compacte du comportement du système mais ont rarement une incidence sur la manière dont le système réel, composé de nerfs et de muscles, fonctionne réellement. Les modèles ne contribuent donc pas beaucoup à la neurophysiologie (ou la neurologie) des mouvements oculaires et ils font courir le danger de suggérer qu'il existe en fait des parties séparées du système nerveux qui effectuent la différenciation, l'intégration et d'autres opérations indiquées dans les cases des diagrammes[44].

Formulés par l'un des précurseurs de l'application des méthodes de bio-ingénierie à la neurophysiologie, ces avertissements sont toujours d'actualité, cinq décennies plus tard, pour contenir la tentation à expliquer le fonctionnement du cerveau humain avec des notions du lexique de la robotique ou de l'intelligence artificielle, plutôt que celles de la neurophysiologie.

Nous avons donné plusieurs exemples illustrant comment le savoir accumulé par les études chez le singe permettent de comprendre la cause des symptômes manifestés par certains patients cérébrolésés[45]. Nous avons mis en lumière une partie du socle de connaissances sur lequel repose la neurophysiologie de l'orientation du regard. Ce socle nous mène à concevoir la direction du regard comme un poly-équilibre entre des activités neuronales mutuellement antagonistes et véhiculées

---

[43] L. Goffart, « Cerebralization of mathematical quantities and physical features in neural science : a critical evaluation », *European Physical Journal Web of Conferences*, 2024, 300, p. 1-10.

[44] D. Robinson, « Models of oculomotor neural organization ». In : P. Bach-Y-Rita, C. Collins & J. Hyde (Eds) *The control of eye movements*, New York, Academic Press, 1971, p 519-538.

[45] R. Leigh, D. Zee, 2015, *op.cit.*

par une multitude de canaux sensorimoteurs[46]. Une saccade ou un mouvement lent démarre dès lors que le système visuo-oculomoteur entre dans un mode où les commandes ne se contrebalancent plus mutuellement.

Au-delà des hypothèses qui attendent d'être confirmées ou infirmées, une compréhension plus complète des désordres neurologiques nécessite de construire des passerelles avec les socles de connaissances élaborés par d'autres études neurophysiologiques, notamment celles qui portent sur le système nerveux autonome, les réseaux neuronaux de la vigilance et de la mémoire. Leur unification pourra s'enrichir de la contribution d'approches plus macroscopiques, comme celles entreprises par les études neuropsychologiques et sociologiques, tout en prenant garde de ne pas attribuer au fonctionnement cérébral, l'origine de notions dont les racines plongent en fait dans l'histoire et la culture humaine[47].

Faisant fi de la neurophysiologie de la motricité oculaire, des études récentes ont en effet profité de la popularisation de l'enregistrement des mouvements oculaires pour étayer, quantitativement et selon les codes de la méthode scientifique, des thèses selon lesquelles l'espace, le temps, les nombres, voire même les opérations de base de l'arithmétique auraient une origine cérébrale. Ces études comportementales posent un problème épistémologique majeur : en projetant dans le cerveau des concepts abstraits et culturels, leurs auteurs simplifient à l'excès les processus biologiques, perdent de vue la complexité des activités intellectuelles, mais surtout induisent en erreur les pratiques pédagogiques et neurologiques, en laissant croire notamment à l'existence d'un *précurseur évolutif de l'aptitude humaine à extraire et manipuler des quantités numériques*[48].

[46] L. Goffart, 2025b, *op.cit.*
[47] L. Goffart, 2024, *op.cit.*
[48] M. Habib, 2018, « *La constellation des dys : bases neurologiques de l'apprentissage et de ses troubles* ». De Boeck Supérieur.

*Bull. Hist. Épistém. Sci. Vie*, 2025, *32*, (2), 215-227

# Du bon usage des dictionnaires en histoire des sciences du vivant*

Pascal Duris**

RÉSUMÉ. À partir de quelques termes scientifiques communs (microbe, insecte, évolution, fossile, laboratoire) nous montrons à la fois que la lenteur d'une entreprise éditoriale comme celle d'un dictionnaire s'accommode mal des vérités provisoires de la science, mais que sa consultation prudente et réfléchie est indispensable à l'historien des sciences pour le prémunir contre tout anachronisme.

***

ABSTRACT. Based on a few common scientific terms (microbe, insect, evolution, fossil, laboratory), we show both that the slowness of an editorial enterprise like that of a dictionary does not sit well with the provisional truths of science, and that its careful and thoughtful consultation is essential to the historian of science to guard against any anachronism.

***

* Ce texte est celui, plus développé, d'une communication présentée à l'invitation de Nathalie Rousseau, que nous remercions ici, lors de la journée d'étude « Autour du Métadictionnaire médical multilingue de la bibliothèque numérique Medica » organisée le 23 septembre 2022 à la Maison de la recherche de la Faculté des Lettres de Sorbonne Université.

** Pascal Duris, professeur émérite en épistémologie et histoire des sciences à l'Université de Bordeaux, est notamment l'auteur de *Linné et la France (1780-1850)* (Droz, 1993), *Histoire des sciences de la vie* (Belin, 2011, avec Gabriel Gohau), *Quelle révolution scientifique ? Les sciences de la vie dans la querelle des Anciens et des Modernes (XVI$^e$-XVIII$^e$ siècles)* (Hermann, 2016), *La fabrique de l'entomologie. Léon Dufour (1780-1865)* (Presses Universitaires de Bordeaux, 2017, avec Elvire Diaz), et il a dirigé *Traduire la science. Hier et aujourd'hui* (Publications de la Maison des Sciences de l'Homme d'Aquitaine, 2008).

Quel nom donner à ces organismes microscopiques répandus dans l'air auxquels Pasteur attribue la cause des fermentations ? Telle est la question que pose devant l'Académie des sciences, le 11 mars 1878, le médecin et chirurgien Charles Sédillot (1804-1883) au début de sa communication sur l'influence des découvertes du grand savant sur les progrès de la chirurgie :

> Les noms de ces organismes sont très-nombreux, explique-t-il en donnant en note la liste d'une trentaine de synonymes allant de « microzoaires » à « zymases septiques et septicémiques », en passant par « monades », « torules » ou encore « vibrions », et devront être définis et, en partie, réformés. Le mot *microbe* – du grec *μικρός*, petit, et *βίος*, vie, est-il précisé en note – ayant l'avantage d'être plus court et d'une signification plus générale, et mon illustre ami, M. Littré, le linguiste de France le plus compétent, l'ayant approuvé, nous l'adoptons, sans néanmoins renoncer à ceux en usage, pour la désignation de variétés plus particulièrement étudiées.[1]

De fait, quelques jours avant sa communication, Sédillot a reçu les encouragements de Littré à utiliser le mot « microbe » alors que ce dernier lui écrit le 26 février 1878 :

> Très cher confrère et ami, […], *microbe* et *microbie* sont de très bons mots. Pour désigner les animalcules je donnerais la préférence à microbe, d'abord parce que, comme vous le dites, il est plus court, puis parce qu'il réserve *microbie,* substantif féminin, pour la désignation de l'état de microbe.[2]

Mais la composition de ce néologisme soulève quelques objections, auxquelles Littré répond trois mois plus tard pour tranquilliser son ami :

> Il est bien vrai que *μικρόβιος* [*mikrobios*] et *μακρόβιος* [*makrobios*] signifient dans la grécité à *courte vie* et à *longue vie*. Mais, comme vous le remarquez justement, il s'agit non pas de la grécité proprement dite, mais de l'emploi que notre langage scientifique fait des radicaux grecs. Or la langue grecque a *Βίος* vie, *Βιοῦν* vivre, *Βιούς* vivant, dont le radical peut très bien figurer sous la forme *be* ou *bie* avec le sens de

[1] Ch. Sédillot, « De l'influence des découvertes de M. *Pasteur* sur les progrès de la Chirurgie », *Comptes rendus hebdomadaires des séances de l'Académie des sciences*, 1878, 86 (10), 634-640, p. 634. Souligné par Sédillot.

[2] « Lettre de M. Pasteur. Le mot microbe et l'opinion de Littré », *La revue scientifique de la France et de l'étranger*, 1883, 5, 3e série, p. 345 (souligné dans le texte).

> vivant dans *aérobie*, *anaérobie*, *microbe*. Mon sentiment est de ne pas répondre à la critique et de laisser le mot se défendre lui-même, ce qu'il fera sans doute.[3]

Proposé par Sédillot début mars 1878, adopté par Pasteur dès le 29 avril[4], « microbe » entre dans le *Dictionnaire usuel des sciences médicales* de Dechambre, Duval et Lereboullet en 1885. De la langue technique, il est depuis lors passé dans la langue usuelle[5].

Le dictionnaire d'Amédée Dechambre, Mathias Duval et Léon Lereboullet est l'un des nombreux dictionnaires et encyclopédies de médecine, « et des sciences qui s'y rapportent » selon une formule consacrée, dans lesquels l'historien des sciences peut puiser avec profit. Consistant en un unique volume, illustré de 400 figures dans le texte, il n'est toutefois pas représentatif de ce genre dont la publication, souvent en plusieurs tomes, s'étend généralement sur plusieurs années. Pour le présent article, nos recherches nous ont ainsi conduit à consulter, outre les différentes éditions des dictionnaires de langue bien connus de Furetière, Trévoux et de l'Académie française, la 4e édition du *Dictionnaire œconomique* (1741) de Noël Chomel et J. Marret, publiée en quatre volumes, dont deux de supplément, le *Dictionnaire minéralogique et hydrologique de la France* (1772-1776) de Pierre-Joseph Buc'hoz, en quatre volumes également, sans illustrations, la 2e édition du *Dictionnaire historique de la médecine ancienne et moderne* (1778) de Nicolas-François-Joseph Éloy, premier recueil de biographies médicales, en quatre volumes, la 4e édition en un volume du *Dictionnaire portatif de médecine, d'anatomie, etc.* (1793) du chirurgien Jean-François Lavoisien, la partie « Biographie » du *Dictionaire* [*sic*] *des sciences médicales* paru chez Panckoucke en sept volumes entre 1820 et 1825, l'unique volume du *Dictionnaire des termes de médecine, chirurgie, art vétérinaire, pharmacie, histoire naturelle, botanique, physique, chimie, etc.* (1823) du médecin Louis-

---

3 *Ibid.* (souligné dans le texte). Cette lettre est datée du 13 mai 1878.

4 L. Pasteur, J. Joubert, Ch. Chamberland, « La théorie des germes et ses applications à la Médecine et à la Chirurgie », *Comptes rendus hebdomadaires des séances de l'Académie des sciences*, 1878, 86 (17), p. 1037-1043.

5 Sur les enseignements que l'étymologiste peut tirer de ce néologisme scientifique, voir É. Benveniste, « Formes nouvelles de la composition nominale », *Bulletin de la Société de linguistique de Paris*, 1966, 61 (1), p. 82-95 (je remercie Nathalie Rousseau et Françoise Skoda de m'avoir signalé cette référence).

Jacques Bégin *et al.*, le *Dictionnaire de médecine* de Nicolas-Philibert Adelon *et al.*, publié en vingt-et-un volumes entre 1821 et 1828, et la 10e édition du *Dictionnaire de médecine*[,] *de chirurgie, de pharmacie, des sciences accessoires et de l'art vétérinaire* (1855) du physiologiste Pierre-Hubert Nysten, refondue par Émile Littré et Charles Robin.

La fréquentation d'une pluralité de dictionnaires et encyclopédies est indispensable à l'historien des sciences pour asseoir ses réflexions et se prémunir autant que possible contre tout anachronisme. C'est ce que nous voudrions montrer ici à partir de l'histoire de quelques termes scientifiques communs ou plus rares puisés dans les sciences du vivant.

## PRÉCAUTIONS D'USAGE

L'exemple du terme « microbe » que nous avons donné en commençant permet-il d'assurer que les dictionnaires, qu'ils soient scientifiques ou de langue générale, rendent compte de l'évolution des sciences ? Rien n'est moins sûr, car après avoir longtemps réfléchi avant de graver tel mot de la science dans le marbre d'une définition, ils s'empressent rarement de l'actualiser dans leurs éditions ultérieures en fonction du progrès des connaissances. La lenteur d'une entreprise éditoriale souvent très volumineuse comme celle d'un dictionnaire s'accommode mal des vérités provisoires successives de la science. Le temps du dictionnaire n'est pas celui de la science[6].

La définition donnée par plusieurs de ces dictionnaires du mot, tout simple en apparence, d'« insecte », en est une bonne illustration. Celle du *Diction*[n]*aire universel* (1690) de Furetière reflète parfaitement l'état des connaissances de son temps sur la physiologie et la morphologie de ces petits animaux[7]. Si l'auteur rappelle au début la croyance des Anciens à la génération spontanée des insectes, il s'attarde bien davantage sur les travaux des Modernes : sur ceux de Redi, qui en 1668 « a prouvé tres-solidement, qu'aucun animal ne s'engendre de corruption », et surtout ceux de Malpighi et de Swammerdam sur les

[6] Sur un sujet proche, celui de la vulgarisation scientifique dans les dictionnaires et les encyclopédies, voir le numéro spécial de *La linguistique*, 2021, 57 (1).

[7] M. Jourde, « L'article ORNITHOLOGIE dans le *Furetière* : les sciences de la nature entre « simples mots » et « infinité de choses », *Littératures classiques*, 2003, 47, p. 83-100, souligne malgré tout qu'il est difficile de savoir à quels types de sources exactement Furetière puise ses informations scientifiques.

métamorphoses. Autant d'auteurs, comme aussi Hooke, Bartholin ou Moufet, qui « ont bien raffiné sur la connoissance des *insectes*, à cause de l'avantage qu'ils ont eu du microscope, qui leur en a fait voir les plus petites parties, dont ils ont donné les figures au public »[8]. Cette longue définition répond tellement aux attentes du lecteur qu'elle est reprise mot pour mot un siècle plus tard, en 1793, par Lavoisien dans son *Dictionnaire portatif de médecine*. À ceci près qu'il n'en retient que les brefs passages relatifs aux Anciens, ignorant superbement la belle synthèse des travaux entomologiques du XVIIe siècle de son prédécesseur. Les avancées de l'« insectologie », comme s'appelle l'entomologie au XVIIIe siècle, sont-elles vraiment si négligeables qu'elles ne puissent être substituées ou ajoutées aux connaissances du siècle précédent ?

Quelques années auparavant, en 1741, Chomel (un prêtre) et Marret (un médecin) ont au contraire donné du mot « insecte » – justement placé entre « indigestion » et « insomnie » – une brève définition radicalement différente de toutes les autres dans leur *Dictionnaire œconomique, Contenant divers Moyens d'augmenter son bien, et de conserver sa santé* :

> C'est le nom qu'on donne aux petits animaux qu'on a cru jusqu'à present être très-imparfaits [allusion au point de vue d'Aristote]. Il y a une infinité de sortes d'insectes qui rongent les autres animaux ou qui gâtent les plantes. Dans certaines années la campagne est entierement désolée par le nombre d'insectes qui la gâtent. Comme il n'y a point de reméde naturel à une corruption si générale, on aura recours aux prieres de l'Eglise & à ses Ministres pour invoquer la misericorde de Dieu, afin qu'il détruise cette vermine, qui corrompt toutes les plus belles esperances du Laboureur.[9]

Si l'on constate avec Chomel et Marret, comme ce sera le cas avec Littré au siècle suivant, qu'un dictionnaire n'est pas nécessairement ce monstre d'objectivité et de neutralité qu'on imagine et qu'il peut répondre à un projet philosophique donné, on retient surtout qu'il est indispensable au chercheur d'aujourd'hui, pour un même mot, de croiser les définitions de plusieurs dictionnaires : l'« insecte » des uns n'est pas toujours le même que celui des autres. Quoique la première

---

[8] Tome 2.

[9] Tome premier, p. 395.

fonction d'un dictionnaire soit de donner le sens – et l'orthographe – d'un mot, on voit d'entrée de jeu combien sa consultation est autant source d'interrogations que de réponses et doit conduire à un usage prudent et réfléchi. Nonobstant, le dictionnaire, à plus forte raison numérique, n'en est pas moins, à plus d'un titre, un outil précieux pour le chercheur en histoire des sciences.

### Prévenir l'anachronisme

De fait, il n'est presque pas de recherches en ce domaine qui ne doivent s'engager et se poursuivre par la consultation de dictionnaires contemporains de l'époque étudiée (il n'est évidemment pas question d'aller chercher dans les dictionnaires d'aujourd'hui des réponses aux problèmes d'hier). Quoique ne rendant compte que très imparfaitement des connaissances scientifiques du temps, se recopiant souvent les unes les autres, mises à jour avec lenteur, parfois subjectives, les définitions des mots de la science qu'offrent ces dictionnaires – et depuis peu le Métadictionnaire médical multilingue de la bibliothèque numérique Medica[10] – permettent avant tout de prévenir ce que Lucien Febvre appelait « le péché des péchés – le péché entre tous irrémissible », celui d'anachronisme[11]. Tel mot – et donc la chose qu'il désigne – est-il consacré dans les dictionnaires ? À partir de quand ? Quelles en sont ses acceptions ? Quelle place occupe-t-il dans la classification des sciences ? etc. C'est alors que commencent les surprises, parfois les déconvenues, mais souvent aussi les découvertes, pour l'historien des sciences.

Le risque d'anachronisme est à son maximum quand on ne le soupçonne pas. Prenons par exemple cette phrase que le naturaliste et philosophe genevois Charles Bonnet (1720-1793) écrit en 1762 dans ses *Considérations sur les corps organisés* : « La même évolution qui conduit les animaux à la perfection qui est propre à leur espece, y

---

[10] https://numerabilis.u-paris.fr/medica/bibliotheque-numerique/presentation-metadictionnaire.php

[11] L. Febvre, *Le problème de l'incroyance au XVIe siècle. La religion de Rabelais*, Paris, Albin Michel, 1942, p. 6. Sur ce sujet, voir P. Duris, « Histoire des sciences et anachronismes », *Essais. Revue interdisciplinaire d'Humanités*, 2024, 21. https://journals.openedition.org/essais/13630

conduit tous les végétaux. »[12] L'historien « ami des vues simples et superficielles », comme le brocardait Pierre Duhem[13], n'y voit aucune difficulté particulière. Or, justement, il devrait être une règle absolue en histoire des sciences de s'inquiéter quand la première lecture d'un texte ne pose pas de problème de compréhension. Car quand on comprend d'emblée un texte scientifique ancien, c'est paradoxalement qu'on ne le comprend pas, qu'on donne aux mots des significations qu'ils n'ont pas, qu'on prête à son auteur des intentions qu'il n'a pas, en d'autres termes qu'on en modernise le contenu. Si Bonnet parle ici de l'évolution des animaux et des végétaux, les ouvrages d'histoire naturelle du temps révèlent que son « évolution » n'a rien à voir avec celle de Darwin. C'est un peu comme si un historien de la littérature confondait le Balzac du XVIII^e^ et celui du XIX^e^ siècle. Précisons un peu les choses.

Comme nous l'indique sans autre détail le *Dictionnaire portatif de médecine* (1793) de Lavoisien, « évolution » vient du verbe latin *evolvere*, développer. Ou encore, dérouler, lire, c'est-à-dire action de révéler quelque chose existant déjà sous une forme condensée. C'est dans ce sens que l'emploient les préformationnistes du XVIII^e^ siècle, dont Bonnet, qui est oviste. Le développement embryonnaire d'*un* individu à partir d'un germe préformé contenu soit dans l'« œuf » femelle, soit dans l'animalcule spermatique, c'est ce qu'ils appellent son « évolution ». Chez certains auteurs, « évolution » ne se limite d'ailleurs pas à rendre compte du développement de germes préexistants et décrit aussi tout développement embryologique en général. Le mot acquiert ainsi peu à peu un sens figuratif qui l'éloigne insensiblement de son sens premier. En 1832, Lyell évoque pour la première fois l'« évolution » d'une forme de vie en une autre. Dans les années 1850, les paléontologues parlent d'« évolution » à propos du développement progressif de la vie que révèlent les fossiles. Mais aucune idée de transformation progressive des êtres vivants au cours du temps n'est encore attachée au mot. Darwin lui-même ne l'emploie que dans la 6^e^ et définitive édition de *L'Origine des espèces* (1872). C'est

---

[12] Ch. Bonnet, *Considérations sur les corps organisés* [1762], Paris, Fayard, 1985, p. 130.

[13] P. Duhem, *Les origines de la statique*, Paris, Librairie scientifique A. Hermann, 1906, tome II, p. 279.

le philosophe anglais Spencer qui contribue à imposer le syntagme « théorie de l'évolution » pour rendre compte de ce que Darwin appelait « descendance avec modification »[14]. On voit ainsi combien il serait non seulement anachronique, mais surtout entièrement faux, de faire de Bonnet une sorte de précurseur de Darwin. La rapide définition d'« évolution » que donnent Littré et Robin encore en 1855 dans la 10e édition entièrement refondue du *Dictionnaire de médecine*[,] *de chirurgie, de pharmacie, des sciences accessoires et de l'art vétérinaire* de Nysten ne laisse d'ailleurs place à aucun doute :

> On appelle ainsi un système physiologique dont les partisans supposent, à tort, que le nouvel être qui résulte de l'acte de la génération préexistait à cet acte, lequel ne fait que le tirer de la torpeur où il était plongé, lui donner une vie plus active, lui imprimer assez d'énergie pour qu'il puisse croître rapidement et parcourir les phases de sa nouvelle existence.[15]

Les mêmes difficultés se rencontrent avec le mot « fossile ». Bien avant que la paléontologie ne soit constituée autour de 1800 en une véritable science, par Lamarck pour les invertébrés et par Cuvier pour les vertébrés, nombre d'auteurs dissertent sur les fossiles. Mais leurs « fossiles » ne sont pas les nôtres. Furetière indique ainsi qu'est fossile (adjectif masculin et féminin) ce « [q]ui se trouve dans la terre quand on l'a creusée. [que] tous les metaux & mineraux sont *fossiles*, & se trouvent dans les veines de la terre »[16]. C'est dans ce sens que Buc'hoz l'entend encore dans son *Dictionnaire minéralogique et hydrologique de la France* (1772-1776) où figure son *Dictionnaire universel des mines, fossiles, et fontaines minérales de la France*. Et l'*Encyclopédie* de Diderot résume bien en 1757 les ambiguïtés du mot quand elle écrit :

> On appelle *fossiles* en général toutes les substances qui se tirent du sein de la terre. Souvent on se sert indistinctement du nom de *fossiles* & de celui de *minéraux*, pour désigner les mêmes substances. C'est ainsi que l'usage veut que l'on dise le *regne minéral*, & non pas le *regne fossile*. Cette derniere façon de parler seroit pourtant plus exacte, attendu que

---

[14] Sur ce sujet, voir P. J. Bowler, « The Changing Meaning of « Evolution » », *Journal of the History of Ideas*, 1975, 36 (1), 95-114 et 1975, 36 (2), p. 367.

[15] p. 503.

[16] Au siècle précédent, Bernard Palissy entend par « fossiles » « les matieres minerales pour lesquelles recouvrer faut creuser la terre » (*Discours admirables, de la nature des eaux et fonteines…*, Paris, Martin le Jeune, 1580 (non paginé)).

> la signification du mot *fossile* est plus étendue, & comprend des substances dont les minéraux ne font qu'une classe.[17]

Prenons enfin l'exemple du mot « laboratoire ». Entre 1690 et les années 1860, soit pendant près de deux siècles, sa définition ne varie presque pas. Quand le *Furetière* explique en 1690 qu'il est le « lieu où les Chymistes font leurs operations, où sont leurs fourneaux, leurs drogues, leurs vaisseaux » – définition reprise mot pour mot par le *Dictionnaire universel françois et latin* (*Dictionnaire de Trévoux*) (1721) qui ajoute toutefois qu'« [e]n général on appelle *laboratoire* un lieu où l'on fait des expériences de Physique, des opérations de Chymie, de Pharmacie &c. »[18] –, l'*Encyclopédie* (1765) de Diderot précise que c'est un « lieu clos & couvert, salle, piece de maison, boutique qui renferme tous les ustensiles chimiques qui sont compris sous les noms de *fourneaux*, de *vaisseaux*, & d'*instrumens* [...] & dans lequel s'exécutent commodément les opérations chimiques »[19] et le *Dictionnaire national ou Dictionnaire universel de la langue française* (1856) que c'est le « lieu où l'on travaille, et particulièrement tout lieu où l'on prépare des produits chimiques ou pharmaceutiques, des pièces d'anatomie, etc. Laboratoire de chimie. Laboratoire de physique. Laboratoire pharmaceutique. Les principales parties d'un *laboratoire* de chimie sont une hotte, une paillasse, des fourneaux carrés, une forge et un soufflet à deux vents »[20]. On le voit, le laboratoire est d'abord et avant tout une affaire de chimistes. La biologie (mot forgé autour de 1800) doit attendre 1855 et la 10^e^ édition du Dictionnaire de Nysten par Littré et Robin pour faire son entrée dans un « laboratoire ». Pour ces auteurs, le laboratoire devient désormais le « [l]ieu dans lequel les anatomistes, les physiologistes, les chimistes, les pharmaciens, etc., se livrent aux dissections, aux expériences, à la préparation des substances chimiques et pharmaceutiques »[21]. Par la suite, le *Dictionnaire de l'Académie française* de 1878 préfère écrire que c'est un « local disposé pour y exécuter les opérations pratiques des diverses sciences »[22]. Quoique des expériences sur le vivant soient faites depuis l'Antiquité,

---

[17] Tome 7, p. 209-210, souligné dans le texte.
[18] Tome 3, p. 1239.
[19] Tome 9, p. 145.
[20] Tome 2, p. 319.
[21] p. 716.
[22] Tome 2, p. 89.

comme en témoigne par exemple l'œuvre de Galien, l'histoire des sciences ne peut parler de laboratoire de biologie qu'à partir de la seconde moitié du XIXe siècle[23].

« Insecte », « évolution », « fossile », « laboratoire » : les mots que nous avons pris pour exemples sont des mots simples, connus de tous, dont il ne vient pas immédiatement à l'esprit que leur acception a pu profondément changer au cours du temps. Ce sont pourtant ces mots familiers, et tellement d'autres, comme anthropologie, artère, atome, excessif, génération, organe, pédagogue, peste, précurseur, progressif, etc. qui exposent le plus l'historien des sciences aux anachronismes, c'est-à-dire à entretenir une époque passée de questions auxquelles elle n'a jamais réfléchi et encore moins cherché de réponses. Alexandre Koyré et Jean Starobinski ont écrit de belles pages sur ce sujet[24]. C'est aussi cette foule immense de faux-amis, dont les dictionnaires apprennent à se défier, qui alimente la « précursorite », ce mal qui sévit trop souvent encore en histoire des sciences et spécialement en histoire de la médecine.

Le risque d'incompréhension d'un texte scientifique ancien est paradoxalement moindre quand on y rencontre des mots rares, inusités ou tombés dans l'oubli. Quand Buffon, au milieu du XVIIIe siècle, parle d'« intussusception », c'est-à-dire du « mouvement du dedans en dehors par lequel s'effectue l'accroissement des corps organisés », suivant la définition qu'en donnent par exemple en 1825 Adelon *et al.* dans leur *Dictionnaire de médecine*, il y a moins de chance de se méprendre sur sa pensée que lorsqu'il parle de « molécules organiques » ou de « moules intérieurs ». De la même manière, on aura

---

[23] Claude Bernard explique en 1865 qu'« [o]n ne concevrait pas un physicien ou un chimiste sans laboratoire. Mais, pour le médecin, on n'est pas encore assez habitué à croire qu'un laboratoire lui soit nécessaire ; on croit que l'hôpital et les livres lui suffisent. C'est là une erreur ; la connaissance clinique ne suffit pas plus au médecin que la connaissance des minéraux ne suffirait au chimiste ou au physicien. [...] Le laboratoire est donc la condition *sine qua non* du développement de la médecine expérimentale, comme il l'a été pour toutes les autres sciences physico-chimiques. Sans cela l'expérimentateur et la science expérimentale ne sauraient exister. » (*Introduction à l'étude de la médecine expérimentale* [1865], Paris, Garnier-Flammarion, 1966, p. 208).

[24] A. Koyré, *Paracelse* [1971], Paris, Éditions Allia, 2004, p. 10-11 et J. Starobinski, *L'encre de la mélancolie*, Paris, Seuil, 2012, p. 259.

le réflexe de consulter le *Dictionnaire des termes de médecine, chirurgie, art vétérinaire, pharmacie, histoire naturelle, botanique, physique, chimie, etc.* (1823) de Bégin *et al.* pour savoir ce que recouvre l'« oryctologie », c'est-à-dire l'« histoire des fossiles ». Encore que, dans ce contexte, le sens exact des mots « histoire » et « fossile » méritera à son tour d'être bien précisé. Au reste, un an auparavant, Blainville, élève de Cuvier, a proposé le néologisme « palæontologie » qui s'est finalement imposé[25]. La définition synthétique qu'en donne en 1855 le Dictionnaire de Nysten revu par Littré et Robin lève définitivement toute ambiguïté : « Partie de l'histoire naturelle traitant des êtres vivants dont les espèces n'existent plus »[26]. Et l'on pourrait aussi parler, par exemple, de la religion qui, suivant Mersenne, doit toujours nous servir de « cynosure », ou de la « pectoriloquie » chère à Laennec, etc.

Jusqu'à présent nous avons confondu sous un même vocable des dictionnaires aux ambitions et aux projets souvent très différents. Il est en particulier une catégorie de dictionnaires bien utiles à l'historien des sciences, celle des dictionnaires de biographies, à l'image du *Dictionnaire historique de la médecine ancienne et moderne. Ou mémoires disposés en ordre alphabétique pour servir à l'histoire de cette science, Et à celle des Médecins, Anatomistes, Botanistes, Chirurgiens et Chymistes de toutes Nations* (1778) d'Éloy ou du *Dictionaire* [*sic*] *des sciences médicales. Biographie médicale* (1820-1825) paru chez Panckoucke. Les plus anciens d'entre nous se souviennent de l'époque pré-internet où ils devaient aller en bibliothèque compulser la *Biographie universelle ancienne et moderne* (1811, puis 1843) de Michaud ou la *Nouvelle biographie générale* (1852-1856) de Hoefer pour tenter de trouver des informations plus ou moins exactes sur tel ou tel personnage ignoré de l'Histoire. Le Métadictionnaire permet aujourd'hui de parcourir facilement cette galerie de vies oubliées, d'en croiser les données, un peu comme hier

---

[25] H. Ducrotay de Blainville, « Analyse Des principaux Travaux dans les Sciences physiques, publiés dans l'année 1821 », *Journal de physique, de chimie, d'histoire naturelle et des arts*, janvier 1822, 94, p. LIV (Discours préliminaire, paragraphe consacré à la géologie).

[26] p. 912.

les œuvres de Galien nous ont conservé le souvenir des médecins, nécessairement mauvais selon lui, l'ayant précédé.

CONCLUSION

Dictionnaire : « recueil des mots d'une langue ou d'une science, rangés par ordre alphabétique », peut-on lire dans le *Dictionnaire des sciences médicales* de Panckoucke[27]. Les mots de la science sont innombrables : pour certains entrés dans la langue usuelle, trompeurs pour quelques-uns, abscons le plus souvent et jamais sortis de la langue technique pour tous les autres[28]. Les quelques exemples que nous avons donnés illustrent combien dictionnaires et encyclopédies permettent – hier comme aujourd'hui – d'en apprendre l'histoire et en préciser la signification, variable selon les époques. Au reste, bien d'autres sources d'un genre dont nous n'avons donné que quelques échantillons auraient pu être sollicitées, depuis le glossaire hippocratique d'Érotien (Ier siècle av. J.-C.), le plus ancien qui nous soit parvenu, jusqu'aux cent volumes du *Dictionnaire encyclopédique des sciences médicales* publié entre 1864 et 1889 sous la direction principale d'A. Dechambre. D'autant que l'utilisation de cet immense corpus est extraordinairement facilitée par la numérisation de masse des imprimés du domaine public.

L'accès en quelques clics, à toute heure du jour et de la nuit, aux fonds patrimoniaux des bibliothèques du monde entier, a profondément bouleversé les conditions de la recherche historique. C'est particulièrement vrai des travaux portant sur des corpus anciens, voire très anciens, longtemps difficiles d'accès et dispersés dans différents pays. Avec la numérisation, des questions de dates, de graphies, d'illustrations, ou, dans le cas présent, de définitions, sont résolues en quelques minutes, pour peu que l'on sache puiser aux bonnes sources, dans les bons catalogues. Car la vraie difficulté est plutôt de se retrouver dans le labyrinthe de ces bibliothèques virtuelles, d'identifier celles utiles à sa recherche, et de savoir choisir ses références. C'est tout le paradoxe de la multiplication des ressources interrogeables à distance, toutes aussi riches et passionnantes les unes que les autres : sa recherche

[27] Tome 9, 1814, p. 268.

[28] J. Ducos et P. Duris, « La science prise au mot », *in* J. Ducos (dir.), *Les sciences et le livre. Formes des écrits scientifiques des débuts de l'imprimé à l'époque moderne*, Paris, Hermann, 2017, p. 381-389.

n'a d'autres bornes que celles qu'on se pose soi-même. Impossible désormais d'invoquer l'éloignement des sources à consulter, ou leur accès restreint, pour justifier d'une recherche incomplète.

La conséquence, paradoxale elle aussi, c'est qu'il faut davantage de temps aujourd'hui qu'hier pour écrire un essai universitaire sur tel sujet historique. Nous dirions une bonne année de plus. Lorsque nous avons publié chez Droz en 1993 notre livre sur *Linné et la France (1780-1850)*, nous avions le sentiment, après trois ans de travail, d'avoir poussé nos recherches sur ce sujet inédit aussi loin que possible. Mais notre moteur de recherche favori nous rappelle tous les jours que ce n'était pas le cas. À l'inverse, c'est avec un véritable sentiment de frustration que, après cinq années de recherche, nous avons fait paraître en 2016 chez Hermann notre livre *Quelle révolution scientifique ? Les sciences de la vie dans la querelle des Anciens et des Modernes (XVI^e^-XVIII^e^ siècles)*, car nous savions l'immense quantité d'informations que nous avions dû laisser de côté en l'écrivant. Au moment où nos universités nous pressent de faire soutenir les doctorants en trois ans, l'allongement du temps des recherches résultant d'un accès indéfini à l'immensité des ressources numériques n'est pas à négliger, non plus d'ailleurs que chez les chercheurs aguerris qui ont bien le droit, comme tout un chacun, de s'attarder dans les bibliothèques du monde pour s'y émerveiller de leurs richesses infinies. C'est alors la même joie un peu enfantine de la découverte qui les envahit – mais on l'espère plus productive – que celle étreignant Bouvard et Pécuchet quand ils parcourent leur *Dictionnaire des sciences médicales* :

> Que n'avaient-ils connu le fameux Canadien de Beaumont, les polyphages Tarare et Bijou, la femme hydropique du département de l'Eure, le Piémontais qui allait à la garde-robe tous les vingt jours, Simon de Mirepoix, mort ossifié, et cet ancien maire d'Angoulême, dont le nez pesait trois livres !

C'est toujours une histoire de livres…

*Bull. Hist. Épistém. Sci. Vie*, 2025, *32*, (2), 229-244

# Quantifier le normal et le pathologique ? Une démarche périmée dans la nouvelle nomenclature des troubles mentaux du DSM-5 ?

Elodie Rubio-Lopez*

RÉSUMÉ. À travers l'exemple de l'évolution de la conception de l'intelligence, nous verrons en quoi les concepts de normal et de pathologique qui ont prévalu depuis la fin du XIX^e^ siècle sont à présent devenus insuffisants dans la nouvelle classification des maladies mentales de la cinquième et dernière édition du Manuel diagnostique et statistique des troubles mentaux et des troubles psychiatriques de l'association américaine de psychiatrie publié en février 2015. Comment l'intellect humain a, suite à la théorie de l'évolution de Darwin, été soumis aux schèmes conceptuels de la pensée scientifique, et pourquoi ces catégories ne sont désormais plus des paradigmes en vigueur ?

***

ABSTRACT. Taking the evolution of the conception of intelligence as an example, we will see how the concepts of normal and pathological that have prevailed since the end of the 19th century have now become inadequate in the new classification of mental illnesses in the fifth and latest edition of the Diagnostic and Statistical Manual of Mental Disorders and Psychiatric Disorders of the American Psychiatric Association published in February 2015. How has the human intellect, following Darwin's theory of evolution, been subjected to the conceptual schemes of scientific thought, and why are these categories no longer prevailing paradigms?

***

* Doctorante, CHSSC, UPJV.

## Introduction

À l'heure où l'intelligence artificielle occupe le devant de la scène scientifique et éthique, il devient essentiel de réinterroger les spécificités de l'intelligence humaine. Cette exploration nous permettra de révéler le rôle central des catégories du normal et du pathologique dans ce domaine. Notre étude sera dans un premier temps centrée sur les moments-clés qui constituent les différentes manières dont nous appréhendons l'intellect et comment s'y incarnent ces schèmes conceptuels. Dans un second temps, il s'agira d'observer les recherches et découvertes ayant contribué à bouleverser les conceptions. Enfin, nous analyserons les impacts de ces évolutions sur l'intelligence et sa mesure et en quoi cela a entraîné des répercussions sur les nomenclatures et les catégories normal/ pathologique.

## Une brève histoire de la conception de l'intelligence et de sa mesure

Cette histoire débute à la fin du XIX^e siècle, moment où s'opère une rupture par rapport au discours philosophique. En effet, la théorie de l'évolution de Darwin[55] a une incidence sur la conception de l'intelligence au sens où, dès lors, celle-ci s'ancre dans le biologique et, de ce fait, ne relève plus exclusivement de la philosophie. Avant Darwin, les théories sur l'intelligence relevaient exclusivement de la philosophie. Avec la théorie de l'évolution de Darwin, ce champ relève de la biologie et de la psychologie comme le souligne Jacques Girardon dans le prologue de son ouvrage intitulé *La Plus belle Histoire de L'Intelligence*[56] qu'il a coécrit avec Stanislas Dehaene et Yann Le Cun :

> [...] parce qu'une certaine intelligence animale ne pouvait plus menacer notre prestige de sapiens depuis que nous savions 'descendre du singe'. Des tentatives scientifiques de définir un concept d'intelligence se sont alors multipliées de manière souvent conflictuelle. C'est que l'intelligence ne relevait plus seulement de la philosophie : psychologues et biologistes avaient désormais leur mot à dire.

---

[55] C. Darwin, *L'Origine des Espèces*, Flammarion, Paris, 1992, édition mise à jour et corrigée en 2008 [1859].

[56] S. Dehaene, Y. Le Cun et J. Girardon, *La plus belle Histoire de l'Intelligence,* Robert Laffont, Paris, 2018, p. 20-21.

Il est certain qu'il y a un avant et un après Darwin en ce qui concerne la façon dont nous appréhendons l'intelligence humaine et c'est à partir de la théorie de l'évolution que des tentatives de définir scientifiquement le concept d'intelligence ont vu le jour.

Cette rupture a des répercussions sur les institutions françaises. En 1888, Théodule Ribot se voit confier la première chaire de psychologie expérimentale et comparée au Collège de France. En 1889, le premier laboratoire de psychologie physiologique est fondé à la Sorbonne. C'est dans ce laboratoire qu'Alfred Binet, psychologue français, effectue ses recherches. Selon Alfred Binet, l'intelligence correspond aux formes supérieures de l'activité mentale. L'intellect humain étant devenu un objet de connaissance, il est à présent susceptible d'être quantifié et mesuré. Et c'est Alfred Binet qui réalise, en collaboration avec Théodore Simon, la première échelle métrique de l'intelligence. En plus d'avoir pour vocation de classer les élèves dans différents niveaux, cette échelle a une portée pratique.

Cette échelle qui date de 1905 traduit une volonté de mettre en place une étude rigoureuse, scientifique et expérimentale de l'intelligence. Elle est appelée le *test Binet-Simon* et comprend 30 épreuves constituées de situations très différentes auxquelles l'individu est confronté : comparaison de longueurs ou de poids, discrimination de formes, identification et désignation d'objets et de parties du corps, analogies, ressemblances et différences entre des objets, compréhension verbale, vocabulaire, phrases à compléter, construction de phrases, raisonnement arithmétique et logique. Suite à ce test, on détermine l'âge mental de l'enfant. Alfred Binet s'aperçoit que les résultats obtenus par des enfants normaux sont comparables à ceux qu'obtiennent des enfants 'débiles' plus âgés. La notion d'âge mental destinée à caractériser le retard ou l'avance d'un individu par rapport à la moyenne de ses condisciples vient de ces recherches.

Ce test a pour objectif de différencier les situations normales et les cas pathologiques[57]. En effet, il permet de séparer les élèves dits

---

[57] *Parmi les enfants, qui s'attardent dans les classes inférieures, il peut s'en trouver dont l'intelligence est extrêmement peu développée ; ce sont des anormaux. Il n' y a rien d'étonnant à ce que des anormaux soient atteints dans leur mémoire autant que dans leur intelligence.* (A. Binet, À propos de la Mesure de l'Intelligence dans L'Année Psychologique, 1904, vol.11, p.78).

« retardés » des autres dits « normaux » afin de leur inculquer une instruction différente. À partir du moment où la notion d'intelligence ne relève plus exclusivement de la philosophie et va être mise entre les mains des scientifiques suite à la théorie de l'évolution de Darwin, le concept semble pouvoir être soumis aux schèmes conceptuels de la pensée scientifique tels que le couple dialectique de catégories normal/pathologique analysé par Georges Canguilhem[58]. Canguilhem met en place une réflexion profonde qui articule épistémologie, biologie et médecine ; réflexion qui soulève une question fondamentale afin de se démarquer de la médecine quantitative du XIXe siècle : l'état pathologique n'est-il qu'une modification quantitative de l'état normal ?

Dans la perspective de Binet et si l'on considère la notion d'âge mental, l'état intellectuel pathologique serait une simple modification quantitative de l'état intellectuel normal[59] dans la mesure où il s'agit de se référer à une norme par rapport à laquelle tout ce qui diffère de manière quantitative est considéré comme anormal et pathologique. Voici les différents niveaux pathologiques déterminés par le test Binet-Simon : débilité, idiotie, imbécilité, retard. Suite à ces tests, l'âge mental de l'enfant est déterminé.

La notion d'âge mental va évoluer et en 1912, William Stern, psychologue allemand, conçoit une forme facilement compréhensible du calcul de l'échelle de l'intelligence qu'il désigne sous le terme de quotient mental qui correspond à l'âge réel/âge mental multiplié par 100. En 1916, le test Binet-Simon est adapté aux Etats-Unis par le psychologue américain Lewis Terman qui le nomme le Stanford-Binet en l'honneur de la Stanford Graduate School of Education dans laquelle

---

[58] G. Canguilhem, *Le Normal et le Pathologique*, PUF, 12ème éd., Quadrige, Paris, 2013, [1974].

[59] Comme le note B. Andrieu dans son article intitulé « Sans Génie les Cancres ? La Psychologie d'Alfred Binet (1907-1911) » publié en 2020 dans le *collectif Le Génie au XIXe siècle, Anatomie d'un Monstre* sous la direction d'Ugo Batini et Marine Riguet (Ed. Classiques Garnier ) : *[...] Binet distingue parmi les 100 enfants étudiés les intelligent, 'des retardataires et des arriérés' et des 'inintelligents' sur la base d'une intelligence inégale. Ainsi l'inintelligence est une norme négative et son inégalité est le principal critère de distinction entre les différents élèves. (*B. Andrieu, *op.cit.*, p. 127).

il travaillait. C'est dans ce test que l'idée de quotient intellectuel (QI) est introduite[60].

En 1939 aux États-Unis et en 1956 en France, sort la première alternative au Stanford-Binet conçue par le psychologue américain David Wechsler : le Wechsler-Bellevue. Cet outil a pour vocation d'équilibrer l'échelle verbale et l'échelle non verbale dans la mesure de l'intelligence. Ce test amorce la notion moderne de QI. À partir de ce test, il y aura plusieurs évolutions (WISC[61] – WISC R[62] et WISC III, IV et V) qui paraitront à chaque fois aux Etats-Unis avant de paraitre en France et sur lesquels nous reviendrons par la suite. Pour le moment arrêtons-nous en 1956 en France à la première échelle de Wechsler et interrogeons-nous de la sorte : comment est perçue l'intelligence au prisme de ces tests ? Quelle vision de l'intelligence en émane ?

Il en émane une représentation d'une intelligence innée, statique, fixe et unidimensionnelle pour laquelle on mesure des processus de traitement de l'information de manière strictement quantitative de sorte que les frontières entre le normal et le pathologique se dessinent très distinctement, et peuvent même être mesurées. L'approche est purement cognitive et strictement quantitative, l'intelligence est exprimable en niveaux qui diffèrent graduellement mais qui ne sont pas envisagés différemment sur le fond. En d'autres termes, il n'y a pas de différence intrinsèque dans le modèle théorique de Binet entre un « débile » et un « retardé » mais seulement une différence de degré. Comment et pourquoi notre vision de l'intellect a-t-elle été bouleversée ?

---

[60] QI dont on peut entrevoir les prémices dans le quotient mental élaboré par William Stern.

[61] Wechsler Intelligence Scale for Children (1949 pour l'édition américaine, 1958 pour l'édition française).

[62] L'échelle d'intelligence de Wechsler Révisée (1974 pour l'édition américaine, 1981 pour l'édition française).

### Découvertes et recherches propices à l'évolution de la conception de l'intelligence

Jean Piaget[63], psychologue, biologiste, logicien et épistémologue suisse contribue à ce mouvement. En effet, il affirme que l'intelligence n'est pas un attribut fixe. Selon lui, il existe une hiérarchie de compétences interdépendantes engageant un équilibre adaptatif entre l'individu et l'environnement. L'intelligence, au même titre que les évolutions physiologiques, contribuerait donc à assurer l'adaptation. Elle n'est pas le reflet des connaissances que l'enfant a mais plutôt de sa capacité à mobiliser ses ressources face à une situation nouvelle.

On peut considérer que, depuis le début des années 1990, les considérations sur l'intelligence ont considérablement changé notamment grâce aux innovations des techniques d'exploration du vivant, en particulier grâce aux techniques d'imagerie cérébrale telles que l'IRMf[64]. Cette dernière permet d'observer l'activité cérébrale en temps réel au cours d'une tâche, et ce, sans avoir à ouvrir la boîte crânienne. Grâce à celle-ci, il devient donc possible d'aborder corporellement et biologiquement des comportements cognitifs, d'observer et de mieux comprendre comment le cerveau apprend.

L'autre théorie découverte ayant contribué à faire évoluer les conceptions est la neuroplasticité. Ce terme désigne cette faculté qu'a le cerveau à se modifier, se restructurer et se réorganiser notamment lors de nouveaux apprentissages ou de nouvelles expériences. Elle ouvre sur une perspective selon laquelle le moindre des apprentissages se reflète sur le cerveau concerné. Eric Kandel[65] a obtenu le Prix Nobel en 2000 pour ses recherches sur la mémoire. Celles-ci ont permis de mettre en lumière une des modalités de la plasticité neuronale. En effet, il concentre ses recherches sur l'aplysie, un mollusque marin dont le système nerveux est très simple, n'étant composé que de 20 000 neurones. Ces derniers sont les plus grands que l'on puisse trouver dans le règne animal. Kandel démontre que, dans la mémoire à court terme, les synapses apparaissent anatomiquement identiques. Il montre également que les changements sont biochimiques et se produisent à

[63] J. Piaget, *La Naissance de l'Intelligence Chez l'Enfant,* 1936.
[64] Imagerie par Résonance Magnétique fonctionnelle.
[65] Médecin et chercheur en Neuroscience, né en 1929 en Autriche, professeur de biochimie et de biophysique à l'Université de Columbia.

l'intérieur du neurone. Au contraire, concernant la mémoire à long terme, il décrit et objective une activation des gènes ainsi qu'une augmentation du nombre de nouvelles connexions synaptiques. Il observe directement par conséquent une modification anatomique.

Il existe d'autres modalités de plasticité neuronale dont celle mise en évidence par Gérald Edelman[66] : la théorie de sélection des groupes neuronaux (TSGN). Pour incarner sa théorie, Edelman prend l'exemple de l'enfant qui apprend à marcher. Lors de cet apprentissage, l'enfant apprend par le biais d'une stratégie d'essais et d'erreurs associée au mécanisme de stabilisation sélective qui conduit à l'intégration du comportement adéquat pour marcher. Il existe donc une multitude de comportements et de stratégies possibles. Par déduction, on peut dire que chaque cerveau est unique et reflète les singularités des divers modes d'apprentissages. On peut donc partir du principe selon lequel l'intelligence humaine n'est pas strictement innée mais se décline en autant de sujets existants. Ainsi des jumeaux monozygotes n'auront par conséquent pas les mêmes capacités intellectuelles. Le concept de neuroplasticité induit une remise en cause de l'exclusivité de l'innéisme de l'intellect humain ; en affirmant qu'il y a une part d'acquis dans la cognition de chacun.

Toutes ces découvertes contribuent à changer les représentations scientifiques, sociétales sur le monde et impliquent de nouveaux paradigmes à l'origine d'une révolution scientifique[67]: le *Neuroscientific Turn.* Ce tournant correspond à un nombre important de théories, innovations techniques et recherches scientifiques qui offrent des clés d'analyse inédites et de nouvelles grilles conceptuelles sur lesquelles il n'est plus possible de faire l'impasse dans les différents champs réflexifs concernant l'étude de l'humain. Ces outils d'exploration et d'analyse ont un impact sur les théories de l'intelligence, en venant, certes, valider dans un premier temps l'aspect purement cognitif de celle-ci, mais également en invalidant certaines de ses propriétés telles que l'innéisme. En outre, contre toute attente, les

[66] Biologiste américain (1929-2014).

[67] Selon Thomas Kuhn dans *La Structure des Révolutions Scientifiques* paru en 1962 : il existe des périodes de bouleversement extraordinaire au cours desquelles se modifient les modèles des scientifiques ; elles sont marquées tant par l'abandon d'une structure théorique (paradigme) que par son remplacement par une nouvelle, incompatible.

neurosciences strictement axées à la base sur l'aspect cognitif de l'intelligence et du cerveau[68]; en cherchant à valider les processus cognitifs qui sous-tendent les apprentissages et à confirmer les théories de l'intelligence mises en avant durant les dernières décennies ; ont engendré des découvertes aussi fertiles qu'inattendues. Notamment le fait que les processus cognitifs ne sont pas les seuls à entrer en jeu dans les apprentissages. Aussi surprenant que cela puisse paraitre, c'est en se penchant sur le cerveau que les neuroscientifiques ont pris la mesure de l'importance du reste du corps dans le raisonnement humain. C'est ainsi que le tournant neuroscientifique a pris une direction émotionnelle. Parmi ceux qui ont concouru à ce changement directionnel, il y a Antonio Damasio[69] et la théorie des marqueurs somatiques[70] mais on retrouve également Éric Kandel.

Selon Damasio, si l'on veut considérer l'intelligence humaine dans son entièreté, il faut en saisir les deux aspects : l'intelligence algorithmique gérée par les synapses et l'intelligence affective qui est

---

[68] Jerome Alan Fodor (1935-2017), fondateur de la théorie computationnelle de l'esprit : l'esprit étant au cerveau ce que le programme est à l'ordinateur.

[69] A. Damasio, *L'erreur de Descartes*, Odile Jacob,4ème édition, Paris,2010, 1ère édition pour la traduction française : 1995

[70] Derrière les processus de prise de décision, se cachent des mécanismes corporels liés aux émotions qui remettent en question la manière dont la tradition philosophique occidentale entrevoit notre faculté de décider (*id est* de manière strictement rationnelle). C'est en réexaminant un cas d'école en neuropathologie, celui d'un jeune contremaître des chemins de fer américain, Phineas Gage, dont le caractère a radicalement changé après avoir subi un accident hors norme en 1848, que Damasio pose les fondements de sa théorie. Cet ouvrier a subi un traumatisme sans précédent car une barre de métal a traversé son cerveau, lui lésant de manière irréversible le cortex préfrontal. Ensuite, Damasio a analysé dans un contexte neuropathologique des patients souffrant des mêmes lésions que celles de Gage. Ces personnes étaient victimes de lésions au niveau orbitaire du cortex préfrontal et ce syndrome 'orbitofrontal' sera nommé par Damasio 'sociopathie acquise'. Ces patients lésés semblent être émotionnellement désensibilisés et ne ressentent plus les émotions telles que l'effroi face à des images à forte charge émotionnelle tout en étant capables de nommer ce que ce genre d'image peut provoquer. Ce déficit émotionnel ressenti par les patients tout en conservant leurs capacités intellectuelles et de raisonnement d'avant lésion, est un obstacle insurmontable à la prise de décisions. D'après la théorie de Damasio, les marqueurs somatiques sont des traces de la charge positive ou négative d'une émotion ressentie. Ces marqueurs s'acquièrent dès l'enfance avec l'éducation et la socialisation et ils aident les individus à la prise de décisions. Ils permettent de savoir si une décision va être bénéfique ou non. Autrement dit, il y a eu pendant l'enfance dans le cortex orbitofrontal enregistrement entre un stimulus et une sensation émotionnelle et cet enregistrement est réactivé lors de nos prises de décisions. C'est pour cela que lorsque cette zone du cerveau est lésée, la prise de décision s'avère impossible.

non synaptique mais chimique. Cette dernière est profondément liée au fonctionnement du corps. Ainsi, le cerveau seul se révèle incapable de faire l'esprit humain, il constitue ce dernier avec l'ensemble du corps.

Éric Kandel, de son côté, met en évidence dans la mémoire un mécanisme en lien avec les émotions. L'hippocampe est une structure profonde du cerveau qui joue un rôle essentiel dans le stockage d'informations des lieux, des personnes ou des objets. Si un souvenir est important et provoque du plaisir, une activation d'un système modulaire dans le cerveau dont la dopamine et la sérotonine font partie advient. Celles-ci vont libérer une substance chimique intermédiaire, un neurotransmetteur, le glutamate, qui va renforcer la connexion synaptique. Les synapses concernées ne comportent pas une seule arborisation terminale[71] mais trois. D'une certaine manière, ressentir un très fort sentiment de plaisir a pour conséquence que le souvenir est imprimé de façon permanente dans le cerveau. Il est possible d'y repenser le lendemain, une semaine, un mois, un an plus tard.

Quelles conséquences ces découvertes ont sur les théories de l'intelligence et notamment sur les tests psychométriques[72]? Qu'est- ce que cela engendre du point de vue du binôme conceptuel normal / pathologique appliqué aux théories de l'intelligence ? Quel impact cela aura sur les classifications, étant donné que lorsque la science évolue, les nomenclatures s'adaptent à ces évolutions ?

### PERCEPTION DE L'INTELLIGENCE ET RÉPERCUSSIONS SUR LES TESTS ET LES NOMENCLATURES DU TOURNANT NEUROSCIENTIFIQUE

La gestion des émotions et de leur interaction avec la cognition est de plus en plus souvent prise en compte. En outre, chaque test psychométrique est inclus dans un bilan psychologique qui comprend un entretien d'anamnèse. Cet entretien est très approfondi, très détaillé. Une de ses finalités est de permettre de recueillir le maximum d'informations sur le patient, ses relations, son enfance et son histoire. Le psychologue observe également l'enfant durant le déroulement des épreuves du test et rend compte de son attitude, de ses réactions. Il peut

[71] Extrémité ramifiée de l'axone d'un neurone.

[72] Un test psychométrique est un dispositif standardisé permettant de situer les conduites ou réponses de chaque sujet par rapport à un groupe de référence (définition de Michel Huteau, professeur émérite de psychologie, 1997).

y ajouter des tests de personnalité et du fonctionnement affectif. Les tests et protocoles sont passés d'une mesure de l'intelligence strictement quantitative et statique à une mesure à la fois qualitative, dynamique et pluridimensionnelle, prenant en compte le vécu et la personnalité de l'enfant. Au fur et à mesure des années, les examens psychologiques se substituent aux simples tests. Dans le bilan psychologique, contrairement aux tests seuls, il n'y a pas de notion de réussite ou d'échec. Le fonctionnement psychique d'un individu y est évalué dans ses différentes dimensions : cognitives et affectives.

Afin d'appréhender comme il se doit l'évolution des tests psychométriques, comparons les trois dernières versions des échelles de David Wechsler à savoir les WISC III, IV et le WISC V. Il est important de noter que ces échelles qui permettent d'évaluer les enfants de 6 ans à 16 ans et 11 mois sont avec le K-ABC II[73] les deux seuls tests reconnus et validés en France par l'éducation nationale.

Le WISC III, publié en France en 1996 et en 1991 aux États-Unis, est constitué d'échelles verbales et non verbales dont certaines sont empruntées au Binet-Simon. Dans la classification utilisée, on utilise encore le terme de retard mental. La version française évalue 3 indices : Indice de Compréhension Verbale (ICV), Indice d'Organisation Perceptive (IOP) et Indice de Vitesse de Traitement (IVT). Il est majoritairement objectif et laisse peu de place à l'interprétation. Le QI se divise en deux catégories le QIV (QI Verbal) et le QIP (QI de Performance). Ces deux scores sont ensuite combinés pour donner un score global, le QIT (QI Total ). Le score moyen de QI est fixé à 100, avec un écart type de 15 ; ce qui signifie que la majorité des enfants auront un score compris entre 85 et 115. Le seuil du retard mental est fixé à 70. La frontière entre l'état normal et l'état pathologique est très précise et nous sommes dans un schéma mesurable qui ne voit dans la pathologie qu'une simple variation quantitative par excès ou par défaut.

Le WISC IV, publié en France en 2005 (en 2003 aux États-Unis), a pour objectif d'évaluer l'efficience cognitive[74] de façon multifactorielle en fonction d'un facteur général et de 4 indices :

---

[73] Kaufman Assessment Battery for Children, 2ème version.

[74] L'efficience cognitive concerne les capacités cognitives *id est* la possibilité intellectuelle, on se centre moins sur les résultats à des processus de traitement de

Indice de Compréhension Verbale ( ICV),
Indice de Raisonnement Perceptif ( IRP),
Indice de Mémoire de Travail ( IMT),
Indice de Vitesse de Traitement ( IVT).

L'efficience cognitive ne reflète pas les compétences intellectuelles de l'enfant mais ce sont ses capacités intellectuelles à savoir son potentiel, ses facultés de raisonnement, qu'elle met en avant. Le WICV IV est un test normé avec lequel on calcule un QI qui correspond à un chiffrage qui situe un résultat par rapport à un norme qui a été instaurée. Le résultat est considéré comme une validation du rapport que l'enfant entretient avec cette norme. Même si Wechsler insiste sur le fait que ce QI ne peut refléter en totalité l'intelligence de l'élève, dans la réalité et sur le terrain scolaire, les résultats aux tests continuent à pointer du doigt le 'retard' et à envoyer dans des classes spécialisées les enfants ayant une déficience intellectuelle. Ce test se situe toujours dans une perspective d'ajouter ou de soustraire, dans une notion de manque, de retard, le normal se différenciant du pathologique de manière quantitative.

Malgré une volonté d'intégrer ce test dans un bilan plus complet et même s'il s'est opéré peu à peu un glissement de concept dans cette version du retard vers la déficience[75] et du QI vers l'efficience intellectuelle, on remarque que perdure la prévalence du résultat au test qui évalue le QI et que, malgré quelques évolutions, l'opposition entre le normal et le pathologique subsiste ; le pathologique n'étant qu'un défaut face à la norme. Être déficient intellectuel, ce n'est pas être une personne avec des modalités intellectuelles spécifiques mais c'est être une personne avec une intelligence lacunaire. En outre, les possibilités évolutives de l'enfant ne sont que rarement envisagées[76].

---

l'information mais plutôt sur la capacité intellectuelle à, ce qui constitue déjà un changement.

[75] Selon le DSM-IV, la déficience intellectuelle se divise en 4 groupes : légère, modérée, grave et profonde.

[76] B. Jumel, F. Savournin, *L'aide- Mémoire du Wisc IV,* Dunod, 2009, chapitre 17, 'Les déficiences mentales à l'épreuve du WISC IV', p. 175-176 : *Cependant, le diagnostic de retard mental -c'est ainsi que l'on nomme le trouble dans la littérature anglo-saxonne – est abordé différemment en d'autres pays. Dans une courte étude comparative, par laquelle nous distinguons la façon dont le diagnostic est posé, et les soins mis en œuvre, dans quatre pays du monde, États-Unis, Australie, France,*

En revanche, si on se réfère au WISC V qui correspond à la version la plus récente de l'échelle de Wechsler, on remarque une réelle évolution. Le WISC V sorti en 2016 est la référence officielle en France actuellement en ce qui concerne la mesure de l'intelligence. Or, il n'a pas été conçu pour calculer un QI même si le terme a été conservé au nom du consensus et de la communicabilité. Le QI n'est plus, depuis un certain temps déjà, un quotient au sens strict du terme, comme il l'était en 1905, un âge mental plaqué sur un âge chronologique. Ce test permet en outre de soupçonner d'éventuels troubles cognitifs, du développement, ou psycho-affectifs. Il permet également d'identifier des déficits et des désordres liés à l'apprentissage, d'évaluer les forces et les faiblesses des processus cognitifs et de préciser les contours de la douance ainsi que de formaliser les impacts de certaines maladies ou de parcours occasionnant des dégâts cérébraux. C'est un test qui est à la fois plus vaste et plus précis que le WISC IV. Cette dernière version accorde encore plus d'importance à l'interprétation qui bénéficie davantage d'éléments subjectifs, biographiques, pour étayer un profil donné. On y remarque une volonté nouvelle de dresser des ponts vers les troubles mentaux et des finalités thérapeutiques claires. Il est constitué de 5 indices dont ICV, IMT et IVT qui sont conservés par rapport à la version précédente. L'indice de raisonnement perceptif est, quant à lui, divisé en deux indices, : Indice de Raisonnement Fluide et Indice Visuospatial.

Les tests psychométriques ont évolué en même temps que se sont constitués de nouveaux savoirs sur l'intelligence. Les tests ne représentent plus désormais qu'une partie d'un bilan du psychologue

---

*Zimbabwe, (Oakland, M'fotu, Glasgow, Jumel 2003) nous mettions en évidence l'importance que notre littérature accorde aux tests de QI, leur faisant porter la plus grosse part dans la détermination de la déficience... apparemment davantage qu'aux Etats-Unis...ce qui paraît étonnant. L'explication à ce phénomène tient peut-être à l'appréciation que nous portons ici sur la déficience et que l'on porte ailleurs sur le retard. Parler de retard comme le fait la CIM 10, classification internationale, c'est poser une référence obligée explicite au développement, poser le principe d'un développement normal qui est par définition celui du plus grand nombre, et d'un écart entre ce qui est attendu et constaté. [...] beaucoup considèrent, que si le diagnostic est justifié par le besoin de définition du déficit, de l'incapacité et du handicap, les tests d'efficience intellectuelle ne suffisent pas. Ils doivent être complétés par une approche compréhensive des efforts d'adaptation de la personne, approche utilisant des questionnaires divers, auprès de la personne elle-même et de son entourage.*

car ils ne suffisent pas à rendre compte du polymorphisme et des différentes dimensions de l'intelligence : les aspects affectifs, émotionnels et même sensori-moteurs sont alors pris en compte. Le WISC V tel qu'il a été restructuré et amélioré permet une appréciation plus complète des capacités de l'enfant, de ses ressources et de ses difficultés. L'objectif étant de dresser non seulement un profil cognitif mais également un profil affectif. Il permet aussi d'observer le fonctionnement de l'enfant et contribue au diagnostic d'un trouble du développement intellectuel. L'objectif n'est pas de distinguer l'enfant par rapport à une norme, à un groupe, ou au cours d'une statistique mais plutôt de connaître son fonctionnement mental singulier afin d'adapter la pédagogie. Cette démarche personnalisée permet également de diriger les familles, s'il y a suspicion d'un trouble, vers les spécialistes adaptés. Par ailleurs, il n'est pas nécessaire de transmettre le QI aux familles dans la mesure où celui-ci est considéré comme insuffisamment représentatif. L'observation précise et qualitative de la façon dont chaque item, chaque indice, a pu être apprécié par l'enfant permet au spécialiste de dresser un portrait précis de ce que l'enfant sait où ne sait pas encore faire. A partir de là, un projet éducatif peut être mis en place avec pour objectif d'aider l'enfant à acquérir les apprentissages, ce qui, dans la perspective de la plasticité cérébrale, va modifier les aspects chimiques et électriques de sa cognition. On parle dans ce nouveau test de profils hétérogènes lorsque l'enfant a des écarts importants entre les résultats des différents indices. Mais au sein même d'un profil hétérogène, un grand éventail de profils singuliers peut être observé. Le WISC V ne se situe pas dans une logique de la définition universelle d'une intelligence normale ou pathologique d'un élève mais plutôt dans une logique de décrire le portrait cognitivo-émotionnel de l'enfant afin de le connaître au mieux et de renforcer ses points faibles en s'appuyant sur ses points forts.

La prise en compte des émotions et des affects dans l'intelligence et dans son exploration, ainsi que dans son expression dans le système scolaire permet de passer de l'élève à l'enfant. En observant l'évolution des tests psychométriques et les modalités de passation des bilans psychologiques, on aperçoit le glissement d'une approche purement quantitative et statique à une vision globale, qualitative et dynamique dans laquelle la mesure de l'intelligence est une donnée essentielle mais insuffisante pour rendre compte des capacités de l'enfant. Il y a à la fois la prise en considération des capacités cognitives mais également des stratégies, de la personnalité et des aspects émotionnels et corporels.

L'intelligence émotionnelle serait d'ailleurs un facteur et un prédicteur de réussite tant sur le plan personnel que professionnel. C'est un concept très récent proposé en 1990 par les psychologues Peter Salovay[77] et John Mayer[78] et qui a été popularisé par Daniel Goleman en 1995. Daniel Goleman est docteur en psychologie clinique. Il définit l'intelligence émotionnelle dans son œuvre éponyme[79] comme étant la capacité à percevoir, à maîtriser et exprimer ses sentiments et ses émotions ainsi que ceux d'autrui. Selon lui, le QI d'une personne n'est pas suffisant pour définir son intelligence car il néglige une part essentielle du comportement humain : les réactions émotionnelles. La société se doit de prendre en compte ces deux aspects indissociables de l'intelligence, cognitifs et affectifs, dans la mesure où l'intelligence est cognitivo-émotionelle.

La nomenclature a également évolué en s'adaptant aux évolutions scientifiques et la classification se modifie en fonction des nouveaux apports de la science. Ainsi, dans la dernière version du DSM (la cinquième), la terminologie TDI[80] (Trouble du Développement Intellectuel) remplace le terme de déficience intellectuelle de l'ancienne version. Ce trouble fait partie des TDN[81] (Troubles du Neurodéveloppement). Un changement majeur est que le diagnostic de TDI nécessite pour être posé trois critères : le déficit des fonctions intellectuelles, des capacités adaptatives limitées, le début des troubles pendant la période de développement. Ils mettent en exergue le fait que le QI à lui seul ne reflète pas le fonctionnement de la personne dans son environnement. Afin d'évaluer ces critères, le bilan psychologique est

---

[77] Professeur de psychologie, il dirige le laboratoire Santé, Émotion et Comportement à l'Université de Yale.

[78] Psychologue à l'Université de New Hampshire.

[79] *L'Intelligence Émotionnelle,* Robert Laffont, 1997, (1ère édition 1995)

[80] Le Trouble du Développement Intellectuel est un trouble débutant pendant la période su développement, fait de déficits tant intellectuels qu'adaptatifs dans les domaines conceptuels, sociaux et pratiques. (Définition du DSM-5)

[81] D'après le DSM- 5, les troubles neurodéveloppementaux apparaissent précocement, pendant la période de développement, souvent avant l'entrée à l'école primaire. Ils entraînent un retard ou un déficit de développement qui a des conséquences sur le fonctionnement personnel, social, scolaire et professionnel.

nécessaire et doit nécessairement comprendre un test psychométrique et un VABSII[82] afin d'évaluer les capacités adaptatives (communication, autonomie, compétences sociales, soins personnels, utilisation des ressources sociales et maintien de la sécurité personnelle). Au-delà de ces changements terminologiques et par-delà les clivages, il y a toujours cette référence à la norme mais celle-ci est mise en avant non pour stigmatiser une pathologie mais plutôt pour mettre en place des projets afin de remédier aux troubles.

## CONCLUSION

Si on s'en tient à cette histoire de la conception de l'intelligence et qu'on la met en parallèle avec celle des tests psychométriques et avec l'évolution des terminologies en observant la dynamique et les ruptures, on peut dire que les conceptions de l'intellect humain post-Darwin sont façonnées par les catégories appartenant à la pensée scientifique (en premier lieu, spécifiquement à la pensée médicale, puis transposée à d'autres domaines scientifiques). Les rapports qu'entretiennent le normal et le pathologique sont au départ intégrés dans une démarche purement quantitative et normatives. Cette perspective normal / pathologique, qui était prédominante dans la médecine du XIXème siècle, a été remise en question par Canguilhem. Si Canguilhem ne nie pas l'importance des mesures et des analyses, il affirme qu'une fois posées, il est important de remettre le sujet au centre du discours médical. On aurait pu assister face au «*Neuroscientific Turn*», à un retour en force excessif de la normativité biologique critiquée par Canguilhem si on en était resté à l'aspect purement cognitif des neurosciences. Cependant, au vu de l'intégration des dimensions émotionnelles dans les recherches sur la cognition, les neurosciences ont mis en relief, au-delà de la stigmatisation du pathologique par rapport à une norme, l'ampleur de la neurodiversité. De ces catégories dont les frontières sont floues naissent non plus des pathologies mais des troubles qui indiquent une différence intrinsèque et qualitative et qui éludent l'écueil pathologique au sens où cette altérité dans l'essence-même ne peut être comparée à une norme. La notion de 'normalité' n'est pas absolue et on peut tenir compte des individualités

---

[82] Vineland Adaptative Behavior Scale, 2ème éd. en France. Échelle de comportement qui permet une évaluation du comportement (autonomie et adaptation) à tous les âges de la vie.

et spécificités de chacun. Ces troubles ne deviennent plus pathologiques par rapport à des critères quantifiables unidimensionnels ou simplement observables mais en fonction de plusieurs éléments qui réunissent nécessairement des équipes pluridisciplinaires et qui prennent en compte non plus l'élève mais l'enfant dans son entièreté. Ces équipes planifient des projets éducatifs et non simplement instructifs. Les recherches sur l'intelligence et les apprentissages sont passées de l'observation des résultats et des compétences d'un élève comparé au groupe à la considération de l'enfant. Ce dernier étant un être social et affectif qui doit être considéré dans sa particularité propre. D'un point de vue épistémologique, ces recherches sont passées d'une approche quantitative à une différence qui envisage l'altérité comme une différence digne de considération. Si le normal et le pathologique sont indispensables à la pensée médicale et ont dans un premier temps fait figure de 'boussoles' incontournables et heuristiques dans la pensée scientifique liée à notre intellect, elles ne sont plus à présent suffisamment éclairantes ni représentatives de la complexité humaine dans ce domaine. Quantifier le normal et le pathologique s'avère donc être une démarche dépassée dans le paysage réflexif lié à notre intelligence.

En revanche, ces catégories revues à la lumière de Canguilhem dans une vision dynamique et subjective et liées à l'expérience propre à un sujet précis, semblent être en concordance avec le nouveau paysage intellectuel et donc loin d'être périmées, elles soulèveront encore certainement des problématiques riches et prometteuses telles que celle-ci :

> Dans la mesure où des êtres vivants s'écartent du type spécifique, sont-ils des anormaux mettant la forme spécifique en péril, ou bien des inventeurs sur la voie de formes nouvelles ?[83].

Ainsi, chaque type d'intelligence, chaque modalité d'apprentissage invente de nouvelles formes de compréhension du monde. L'École se doit, afin de respecter chaque enfant dans sa spécificité d'être unique et complet, de tenir compte de ces nouveaux paradigmes issus des neurosciences que sont l'altérité et la neurodiversité.

---

[83] G. Canguilhem, *Le Normal et le Pathologique,* PUF, 1998, p. 88-89.

# *Société d'Histoire et d'Épistémologie des Sciences de la Vie*

BULLETIN D'ABONNEMENT ET D'ADHÉSION 2025

Nom : Prénom :

Adresse :

Ci-joint un chèque d'un montant de :

Formule d'adhésion choisie, cocher la case :

□ **15 €** : Étudiant ou sans emploi (avec photocopie d'un justificatif) – Adhésion simple sans abonnement

□ **30 €** : Adhésion simple

□ **35 €** : Étudiant ou sans emploi (avec photocopie d'un justificatif) – Adhésion + abonnement

□ **60 €** : Tarif normal – Adhésion + abonnement

□ **100 € et plus** : Membre bienfaiteur - Adhésion + abonnement

Adresse (à laquelle courrier et Bulletin doivent être envoyés) :

Adresse de courrier électronique (pour l'envoi des informations) :

Date :

Signature :

Paiement par chèque à l'ordre de la ***Société d'Histoire et d'Épistémologie des Sciences de la Vie***

Les abonnements doivent être souscrits auprès de :

Louise Couëffé
14 rue René Brémont
49100 Angers

Pour les virements :
Société d'Histoire et d'Épistémologie des Sciences de la Vie
IBAN : FR 76 1027 8073 2700 0206 4180 140
BIC : CMCIFR2A

Achevé d'imprimer en octobre 2025 par Isiprint

139 rue Rateau - 93120 La Courneuve
N° d'impression : 202510.0057

*Imprimé en France*